Audi-Dissertationsreihe, Band 65

Entwicklung einer aktiven Steuerung für die geometrischen Qualitätsziele der Prozesskette Karosseriebau in der Vorserie

Von der Fakultät für Maschinenbau der
Technischen Universität Chemnitz

genehmigte

Dissertation

zur Erlangung des akademischen Grades

Doktor der Ingenieurwissenschaften
Dr.-Ing.

Vorgelegt von

Dipl.-Ing. B.Sc. Martin Christopher Endres
geboren am 01. Dezember 1980 in Schweinfurt

eingereicht am 01. Juni 2012

Gutachter
Prof.(em.) Dr. Michael Dietzsch
Prof. Dr. Birgit Awiszus

Chemnitz, den 01. Juni 2012

Bibliografische Information der Deutschen Nationalbibliothek
Die Deutsche Nationalbibliothek verzeichnet diese Publikation in der Deutschen Nationalbibliografie; detaillierte bibliografische Daten sind im Internet über http://dnb.d-nb.de abrufbar.
1. Aufl. - Göttingen : Cuvillier, 2012
Zugl.: (TU) Chemnitz, Univ., Diss., 2012
978-3-95404-186-2

Nonnenstieg 8, 37075 Göttingen
Telefon: 0551-54724-0
Telefax: 0551-54724-21
www.cuvillier.de

1. Auflage, 2012
Gedruckt auf säurefreiem Papier

978-3-95404-186-2

Bibliographische Angaben

Endres, Martin Christopher

„Entwicklung einer aktiven Steuerung für die geometrischen Qualitätsziele der Prozesskette Karosseriebau in der Vorserie"

Dissertation an der Fakultät für Maschinenbau der Technischen Universität Chemnitz, Institut für Fertigungsmesstechnik und Qualitätssicherung, Chemnitz 2012

145 Seiten, 88 Abbildungen, 122 Literaturstellen

Referat

Die Arbeit befasst sich mit der Untersuchung von Methoden zur Erreichung der produktbezogenen Qualitätsziele im Fahrzeuganlauf in der Prozesskette Karosseriebau. In der Dissertation wird eine neue Methode zur zielgerichteten Optimierung von Baugruppengeometrien mittels numerischer Berechnungsverfahren vor Fertigstellung realer Baugruppen vorgestellt. Aktuell werden die produktbezogenen Qualitätsziele im Karosseriebau iterativ mittels eines reaktiven Analyseprozesses erreicht. Dazu werden Messberichte von Einzelteilen bzw. Baugruppen analysiert und daraufhin Korrekturen im Fertigungsprozess (beispielsweise Stellgrößen für die Karosseriebauvorrichtung) oder am Einzelteil definiert (reaktiv). Eine systematische Untersuchung der Auswirkung von Fertigungsprozesseinflüssen oder Einzelteilabweichungen auf die Baugruppenqualität findet nicht statt.
Im Rahmen der vorgestellten Methode einer „aktiven Steuerung für die geometrischen Qualitätsziele der Prozesskette Karosseriebau" wird die Berechnung von Baugruppenverzügen im angesprochenen Kontext unter Berücksichtigung der Einflüsse von Produkt, Prozess und Ressource realisiert. Zu diesem Zweck werden Geometriedaten realer Einzelteile (mittels optischer Messtechnik) und reale Konfigurationsdaten der Karosseriebauvorrichtung mit einer FE-Analyse verknüpft. Damit wird eine bidirektionale Kopplung des Fertigungsprozesses mit einer Simulation erreicht, mittels derer die Optimierungsmaßnahmen für Produkt, Prozess und Ressource systematisch und zielgerichtet ermittelt werden können.
Die Vorgehensweise wird durch Versuchsreihen mit zwei Baugruppen überprüft und abgesichert.

Schlagworte

- Schweißverzug
- Karosseriebau
- Schweißsimulation
- mechanisches Ersatzmodell
- Verzugskompensation
- Virtual Functional Build

Bibliography

Endres, Martin Christopher

"Development of active control of the geometrical quality targets of the body-in-white process chain in pilot production"

Thesis at the Department of Mechanical Engineering at Chemnitz University of Technology, Center for Production Measurement Technology and Quality Management, Chemnitz 2012

145 pages, 88 images, 122 citations

Abstract

This paper examines the methods of how to reach the product-related quality targets in production start-up of the body-in-white process chain. The paper presents a new method of optimising in a target oriented manner the geometric shape of assemblies by way of numeric arithmetic techniques prior to the completion of real assemblies. Currently, the product-related quality targets for sub-assembly (body in white) are iteratively reached by employing a reactive analysis process. For this purpose, measurement reports of single components, sub-assemblies and assemblies are analysed, and subsequently corrections of the manufacturing processes (e.g. parameter sets for jigs) or of single components are (reactively) defined. A systematic examination of the consequences of the impacts of the manufacturing process or of deviations of single components on the quality of assemblies is currently not taking place.

Within the framework of the presented methods of "active control of the geometrical quality targets of the body-in-white process chain", the calculation of deviations of assemblies in the given context will be realised, taking into account the influences of the product, the process and the resource. For this purpose, geometric data of actual single components (by way of optical measuring systems) and actual parameter sets of the jigs are linked with an FE calculation. With this, the production process is bi-directionally coupled with a simulation by means of which the optimising measures for the product, the process and the resource can be systematically established in a target-orientated manner.

The approach is verified and backed by a number of test series carried out on two assemblies.

Keywords

- Welding Distortion
- Body-in-White
- Welding Simulation
- Shrinkage Method
- Compensation of Distortion
- Virtual Functional Build

bildung

nicht der wahn des besserwissens
möge mein begleiter sein
erst werd ich verstehen müssen
selbst die großen denker wissen
nicht sonderlich viel
oft sind sie einsam und allein
und spielen ihr spiel
aber hören auf versäumtes
nachzuholen und erträumtes
zu erleben
und vergessen
wonach sie streben

isabel seifried

Danksagung

Die vorliegende Dissertation entstand während meiner Tätigkeit im Vorseriencenter der AUDI AG in Ingolstadt, Bereich Analyse Produkt und Prozesstechnik.

Herrn Prof. Dr.-Ing. Michael Dietzsch, Leiter des Institutes für Fertigungsmesstechnik und Qualitätssicherung der TU Chemnitz, gilt mein besonderer Dank für die zielgerichtete und wohlwollende Betreuung meiner Arbeit.

Frau Prof. Dr.-Ing. habil. Dipl.-Math. Birgit Awiszus danke ich für Ihr Interesse an meiner Arbeit und die Übernahme des Korreferats.

Ebenso möchte ich Herrn Gerhard Siegrist, Leiter der Abteilung Produkt und Prozesstechnik des Vorseriencenters der AUDI AG, meinen besonderen Dank für die vielen fruchtbaren Diskussionen aussprechen und dass er es mir ermöglicht hat meine Doktorarbeit bei der AUDI AG zu verfassen.

Herrn Patrick Doelfs und Herrn Michael Vogel von der ESI Group gilt mein Dank für die hervorragende Unterstützung meiner Arbeit.

Den Herren Dieter Dier, Paul Reindl und Karl-Heinz Duelli bin ich für die intensiven Gespräche und Anregungen zu meiner wissenschaftlichen Arbeit aber auch für das freundschaftliche Miteinander sehr verbunden.

Ein ganz besonderer Dank gilt meinen Eltern und meinem Bruder, die immer für mich da waren und an mich geglaubt haben.

Nicht zuletzt möchte ich mich bei Frau Marion Solowski, Frau Stephanie Waffler und Herrn Manfred Stotz für ihre Unterstützung, den Zuspruch und den Rückhalt bedanken.

Inhaltsverzeichnis

Abbildungsverzeichnis

Abkürzungsverzeichnis

0-S	–	Null-Serie
A/S P	–	Auto/ Steel Partnership
AR	–	Augmented Reality
BG	–	Baugruppe
CAD	–	Computer Aided Design
CAE	–	Computer Aided Engineering
CAM	–	Computer Aided Manufacturing
CG	–	Conjugate Gradient
DE	–	Designentscheid
DF	–	Designfreeze
DMU	–	Digital Mock Up
DPMO	–	defects per million opportunities
ET	–	Einzelteil
FEA	–	Finite Elemente Analyse
FB	–	Functional Build
FDM	–	Finite Differenzen Methode
FEM	–	Finite Elemente Methode
FVM	–	Finite Volumen Methode
IB	–	Integrated Build
ILU	–	incomplete Lower-Upper-Decomposition
KE	–	Konzeptentscheid
KTL	–	kathodische Tauchlackierung, auch Kathaphorese
ME	–	Markteinführung
MFU	–	Maschinenfähigkeit
NB	–	Net Build
OSG	–	obere Spezifikationsgrenze
PDM-System	–	Produktdatenmanagementsystem
PF	–	Projektfeasability
PFU	–	Prozessfähigkeit
PP	–	Produktprozess
PWZ	–	Prototypenwerkzeug
QM	–	Qualitätsmanagement
RPS	–	Referenzpunktsystem
SE	–	Simultaneous Engineering
SOP	–	Start-of-Production
SOR	–	successive overrelaxation
SP	–	Schweißpunkt
SWZ	–	Serienwerkzeug
USG	–	untere Spezifikationsgrenze
VFB	–	Virtual Functional Build
WEZ	–	Wärmeeinflusszone
ZTU	–	Zeit-Temperatur-Umwandlungsschaubild

1 Einleitung und Zielsetzung

1.1 Motivation und Handlungsbedarf

Ein Ziel der Automobilhersteller in der Produktentstehungsphase bis zum SOP (Start of Production) ist es, die Herstellbarkeit des Produktes und die Erfüllung der qualitativen Anforderungen an das Produkt unter Serienbedingungen abzusichern. In der frühen Phase der Produktentstehung gibt es für diese Absicherung noch keine realen Einzelteile; das Fahrzeug existiert bis dahin nur in Form von Konstruktionsdaten im Rechner. Diese frühe Phase einer Fahrzeugentwicklung hat als die konzeptbestimmende und gesamthaft kostenbeeinflussende Entwicklungsphase weitreichende Konsequenzen für die nachfolgende Serienentwicklung und daher eine sehr große Bedeutung. In Zeiten explodierender Modellvielfalt und ständig kürzer werdender Entwicklungszeiträume ist ihre Bedeutung permanent gewachsen. /GÜLICH.08/

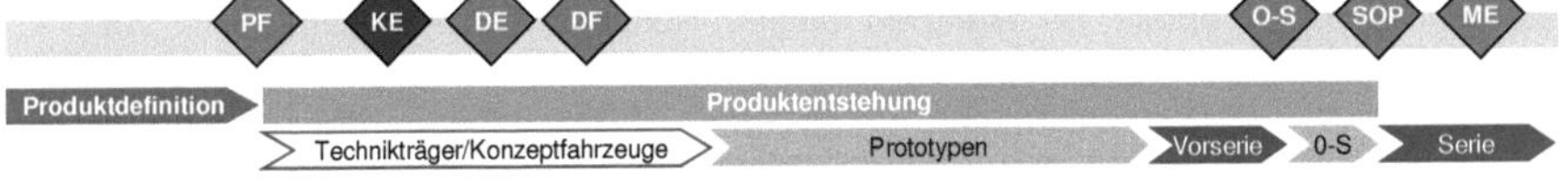

Abbildung 1-1 Produktprozess (PP)

Ein zentraler Bestandteil der **Produktentstehung** (**Abbildung 1-1**) ist dabei die virtuelle Absicherung einzelner Fertigungsschritte, bevor die Fertigungsprozesse umgesetzt und die Fertigungsressourcen in Hardware erstellt werden. In diesem Zusammenhang ist es das Ziel der Automobilhersteller, die realen Fertigungsschritte vom Einzelteil bis zum Endprodukt vollständig in einer durchgängigen virtuellen Prozesskette abzubilden. Dieses Vorgehen bietet zum einen ein großes Einsparpotential bezüglich Entwicklungszeit und –kosten und ermöglicht zum anderen einen Qualitätszugewinn, da Fehler und Potentiale von Produkt, Prozess und Ressource frühzeitig erkannt werden und damit einen höheren Reifegrad dieser erreicht werden kann. Nur bei Beherrschung von Produkt, Prozess und Ressource können optimale Produkte garantiert werden.

Im Bereich der Einzelteilherstellung ist es Stand der Technik, die Auslegung und Einarbeitung der Umformwerkzeuge durch CAE-Programme zu unterstützen. Durch den Einsatz von Umformsimulationen auf Basis der FE-Methode wird dem Prozessverhalten des Werkstoffs während des Umformprozesses bei der Werkzeugkonstruktion Rechnung getragen. Die Werkzeuggeometrie wird dabei gezielt so gestaltet, dass nach Abschluss des Umformvorganges ein Einzelteil vorliegt, dessen Qualitätsmerkmale den Anforderungen entsprechen. Das Werkzeug wird also so ausgelegt, dass die Einflüsse des Umformens auf die Einzelteilgeometrie kompensiert werden. Werkzeug- und Einzelteilgeometrie sind daher in der Regel nicht identisch.

Eine entsprechende Berücksichtigung von Prozesseinflüssen auf die Geometrie der Einzelteile im Rahmen des Fügeprozesses im Karosseriebau ist bei der Konstruktion von Karosserieteilen und der Karosseriebauvorrichtungen hingegen noch nicht der Fall. Die Vorrichtungen des Karosseriebaus werden erfahrungsbasiert zur Sollgeometrie von Einzelteilen und Baugruppen ausgelegt; Einflüsse der Fügeprozesse, die sich auf die Maßhaltigkeit der einzelnen Baugruppen und letztlich der gesamten Karosserie auswirken, bleiben dabei in der frühen Phase unberücksichtigt. Das Potential zur Steigerung der Reife von Produkt, Prozess und Ressource durch den Einsatz eines Simulationstools für den Fügeprozess (analog zur Umformsimulation) bleibt bis dato ungenutzt.

Mit dem Start der **Prototypenphase** (Abbildung 1-1) beginnt die Herstellbarkeitsabsicherung des Produktes mittels realer Fahrzeuge. Das Ziel ist es, ausgehend von der Prototypenphase über die **Vorserie** bis hin zu 0-Serie und SOP, den Reifegrad von Produkt, Prozess und Ressource soweit zu steigern, dass die Qualitätsanforderungen erfüllt werden. Treiber dieses Prozesses sind Analyseteams des Vorseriencenters, deren Aufgabe es ist, Probleme und Potentiale in Produkt, Prozess und Ressource zu identifizieren, Maßnahmen zur Steigerung der Serienreife zu erarbeiten, umzusetzen und deren Wirksamkeit zu kontrollieren.

Beginnend mit der Prototypenphase ist es eine zentrale Aufgabe des Analyseteams des Karosseriebaus Produkt, Prozess und Ressource so aufeinander abzustimmen, dass die fertige Karosserie trotz aller Prozesseinflüsse schließlich alle Qualitätsanforderungen erfüllt. Im Rahmen dieses Abstimmungsprozesses wird vor allem die Geometrie der Karosseriebauvorrichtung mittels Einstellelemente (Shims) so verändert, dass den Prozesseinflüssen durch lokales Überdrücken der Einzelteile mittels Spanntechnik entgegengewirkt wird.

Die Ermittlung dieser Vorhaltung geschieht heute mittels eines reaktiven, iterativen Analyseprozesses, der auf Messberichten von Einzelteilen und gefertigten Baugruppen basiert. Ausgehend von diesen Berichten werden die Bereiche an Einzelteilen und Baugruppen identifiziert, die nicht innerhalb der Spezifikation gefertigt wurden. Im nächsten Schritt werden entsprechende Optimierungsmaßnahmen an Produkt, Prozess und/ oder Ressource definiert, um die Abweichungen von der Spezifikation zu

minimieren. Die Wirksamkeit dieser Maßnahmen korrekt abzuschätzen stellt dabei eine große Herausforderung dar, weshalb die produktbezogenen Qualitätsziele meist nur sukzessive nach Durchlaufen mehrerer Optimierungsschleifen erreicht werden.
Dieses Vorgehen bietet unter anderem bezüglich des zeitlichen und finanziellen Aufwandes zur Erreichung der produktbezogenen Qualitätsziele deutliches Verbesserungspotential.

1.2 Zielsetzung

Ziel der vorliegenden Arbeit ist es, den Analyseprozess des Karosseriebaus durch eine Simulation des Fügeprozesses ganzheitlich zu unterstützen und damit die Definition von Optimierungsmaßnahmen für Produkt, Fertigungsprozess und Fertigungsressource bereits vor dem Anfertigen von Baugruppen zu ermöglichen. Auf diese Weise gelangt man von einem reaktiven, iterativen Analyseprozess zu einer aktiven Steuerung für die geometrischen Qualitätsziele der Prozesskette Karosseriebau.

Bereits in der **frühen Entwicklungsphase** soll es die Simulationssystematik ermöglichen, die systematischen Einflüsse des Fügeprozesses auf die Baugruppengeometrie zu identifizieren. Im Weiteren sollen mit der Fügesimulation dann Kompensationsmaßnahmen zur Minimierung von Prozesseinflüssen ermittelt und abgesichert werden. Diese Kompensationsmaßnahmen können Produkt, Prozess und/ oder Fertigungsressource betreffen:
Bezogen auf das Einzelteil (Produkt) kann dies eine Änderung der Geometrie entgegen Zeichnungsstand bedeuten, so dass das Einzelteil vor dem Fügeprozess zwar nicht der Spezifikation entspricht, im fertigen Fahrzeug aber, nach Einwirkung aller Prozesseinflüsse, die Vorgaben erfüllt.
Im Fertigungsprozess kann eine Minimierung von Prozesseinflüssen beispielsweise durch eine geänderte Reihenfolge der Fügepunkte oder Spannfolge erreicht werden.
Eine Veränderung der Positionen von Aufnahme- und Spannstellen und das Integrieren von Vorhaltungen (gegenüber der Einzelteilgeometrie) sind mögliche Optionen, um über die Karosseriebauvorrichtung (Ressource) Prozesseinflüsse zu kompensieren.

In der nachfolgenden **Prototypen- und Vorserienphase**, in der die Herstellbarkeitsabsicherung mittels realer Fahrzeuge erfolgt, besteht die Kernaufgabe des Analyseteams darin (wie in Abschnitt 1.1 angesprochen), Produkt, Prozess und Ressource so aufeinander abzustimmen, dass die fertige Karosserie alle Qualitätsanforderungen erfüllt. In dieser Phase soll die Einarbeitung der Karosseriebauvorrichtung durch die Simulation derart unterstützt werden, dass auf Basis der vorliegenden Einzelteilgeometrien, unter Berücksichtigung der Parameter von Fertigungsprozess und Fertigungsressourcen, die zu erwartende Geometrie der Baugruppe berechnet wird. Anhand dieses Simulationsergebnisses können dann bereits <u>vor</u> dem Fertigen realer Baugruppen Maßnahmen (an Produkt, Prozess und Ressource) zur Optimierung der Baugruppengeometrie definiert werden. Damit gelangt man bereits bei der Fertigung der ersten Baugruppe zu einem verbesserten Qualitätsstand.
Die skizzierte Methode der aktiven Steuerung stellt hinsichtlich der Systematik der Analyse zum aktuellen Vorgehen eine deutliche Verbesserung dar.

Die Anforderungen an eine solche Simulationssystematik sind dabei wie folgt:

- Die der Simulation zugrundeliegenden Geometriedaten (Produkt) müssen die gleiche Gestalt haben wie die realen Einzelteile, die zur Fertigung der Karosserie verwendet werden. Nur so können für eine zu diesem Zeitpunkt im Karosseriebau konkret vorliegende Optimierungsaufgabe entsprechende Maßnahmen erarbeitet und abgesichert werden.

- Der Übertrag der Prozessdaten in die Simulation betrifft in erster Linie die Modellierung der eingesetzten Fügetechnologie für die Berechnung. Bei den im Rahmen dieser Arbeit durchgeführten Versuchsreihen wird das Widerstandspunktschweißen betrachtet.

- Bezüglich der Konfiguration der Karosseriebauvorrichtung (Ressource) muss ein bidirektionaler Abgleich zwischen Simulation und Karosseriebau möglich sein. Zunächst muss der aktuelle Stand der Vorhaltungen aus dem Karosseriebau in die Simulation übertragen werden; nach der Optimierung der Baugruppengeometrie müssen die ermittelten Stellgrößen in die Karosseriebauvorrichtung zurückgespiegelt werden können.

- Im Produktionsbereich ist die schnelle Bereitstellung von Ergebnissen für eine Aufgabenstellung Grundvoraussetzung für den Erfolg einer neuen Methode. Gleichzeitig muss die Simulationssystematik allerdings in der Lage sein, große und komplexe Einzelteile zu berechnen und eine Ergebnisqualität zu bieten, die solide Informationen zur erwartbaren Maßhaltigkeit der Baugruppe garantiert.

Im Spannungsfeld dieser Anforderungen soll im Rahmen dieser Arbeit eine aktive Steuerung für die geometrischen Qualitätsziele der Prozesskette Karosseriebau in der Vorserie entwickelt werden. Mit dieser Qualitätssteuerung sollen folgende Verbesserungen im Produktprozess erreicht werden:

- Vorgelagerte Analysen ermöglichen Erkenntnisse über die zu erwartende Qualität der Baugruppe vor dem Fügen realer Einzelteile

- Schnellere Erreichung der produktbezogenen Qualitätsziele

- Zielgerichtete Optimierung von Einzelteilen und zugehörigen Fertigungsprozessen

- Reduzierung von Einzelteiländerungen im Serienwerkzeug

Im folgenden Abschnitt wird das Vorgehen bei der Entwicklung dieser Steuerung beschrieben.

1.3 Aufbau der Arbeit

Die vorliegende Arbeit gliedert sich, wie in **Abbildung 1-2** zu sehen ist, in 7 Kapitel.

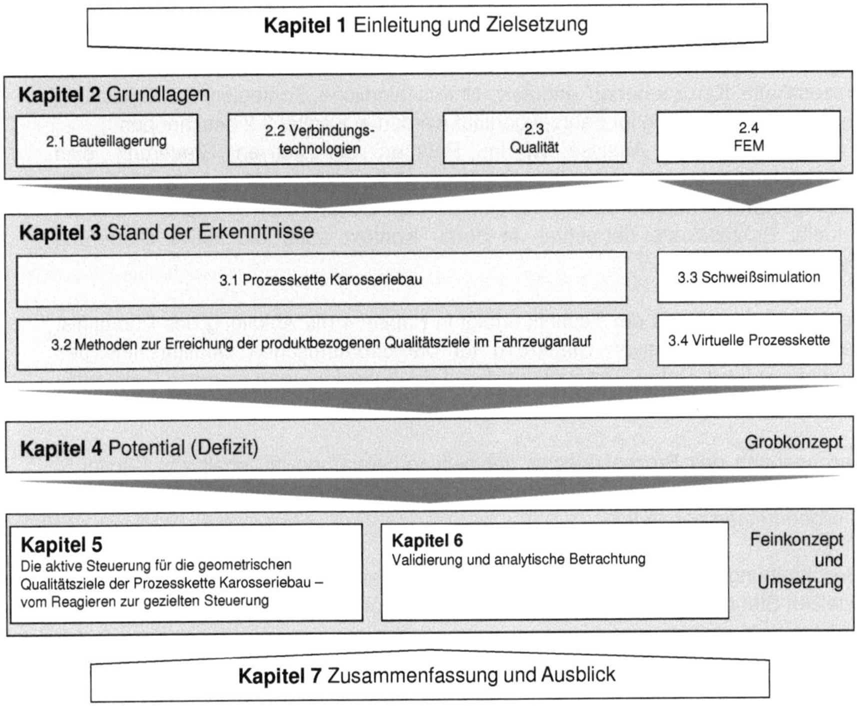

Abbildung 1-2 Strukturierung der Arbeit

Nach der Einführung wird in Kapitel 2 auf Grundlagen eingegangen, die zum Verständnis der im Rahmen dieser Arbeit behandelten Materie notwendig sind. Dabei liegt der Fokus zunächst auf der Lagerung von Einzelteilen (2.1). Eine durchdachte Aufnahmestrategie für Einzelteile und Baugruppen während des Produktionsprozesses ist die Grundlage, um Produkte, welche den Qualitätsanforderungen genügen, prozesssicher fertigen zu können. Ebenso ist eine durchdachte Aufnahmestrategie im Zuge des Prüfprozesses die Grundvoraussetzung dafür, die Qualität der Produkte richtig beurteilen zu können.

Zur Verbindung der Einzelteile zu Baugruppen und letztlich zu einer Karosserie wird sehr häufig das Widerstandspunktschweißen eingesetzt. Die Grundzüge dieses Verfahrens werden in Kapitel 2.2 betrachtet.

Eine zentrale Aufgabe, welcher der Produktionsbereich eines Unternehmens gerecht werden muss, ist die Erfüllung der Qualitätsanforderungen. Wie Qualitätsanforderungen definiert sind und welche Methoden es gibt, die Erreichung der Anforderungen sicher zu stellen, wird im Abschnitt 2.3 beschrieben.

Zur Simulation des Fügeprozesses wird das numerische Verfahren der Finiten Elemente eingesetzt. Zum Ende des zweiten Kapitels wird deshalb in 2.4 auf die Grundlagen der Finiten-Elemente-Methode eingegangen.

In Kapitel 3 wird der Stand der Technik dargestellt. Für diese Arbeit von zentraler Bedeutung sind dabei aus dem automobilen Produktionsbereich die Herstellung und das Fügen von Einzelteilen im Karosseriebau. In Kapitel 3.1 wird daher Grundlegendes der Prozesskette Karosseriebau erläutert. Unterschiedliche Strategien zur Erreichung der Qualitätsanforderungen im Fahrzeuganlauf werden in Kapitel 3.2 beschrieben. Zur Unterstützung der Analyse ist im Rahmen der aktiven Steuerung eine Schweißsimulation angedacht. In Abschnitt 3.3 wird deshalb der aktuelle Entwicklungsstand in diesem Bereich dargelegt. Abschließend zum Kapitel 3 wird in 3.4 die virtuelle Prozesskette betrachtet, in deren Kontext auch die aktive Steuerung gesehen werden muss.

Aufbauend auf dem Stand der Technik erfolgt in Kapitel 4 die Ableitung des Potentials, welche zur Idee der aktiven Steuerung für die geometrischen Qualitätsziele des Karosseriebaus führt. Dabei wird ausführlich auf die Anforderungen an diese Systematik eingegangen.

Die Beschreibung des Prozessprinzips der aktiven Steuerung ist Inhalt von Kapitel 5. Dabei wird auch detailliert die Simulation des Fügeprozesses auf Basis realer Einzelteilgeometrien behandelt.

Die Beschreibung und Auswertung der Versuchsreihen, die zur Validierung der vorgestellten Steuerungssystematik durchgeführt wurden, ist in Kapitel 6 zu finden.

Das 7. Kapitel sieht eine Zusammenfassung der Erkenntnisse sowie einen Ausblick vor.

2 Grundlagen

2.1 Bauteillagerung

Jeder Körper hat im dreidimensionalen Raum sechs Freiheitsgrade: drei translatorische und drei rotatorische. Um einen Körper eindeutig bestimmt zu lagern, müssen diese sechs Freiheitsgrade gebunden werden. Die Ausrichtung eines Bauteils erfolgt üblicherweise über die „3-2-1 Regel“. Über die Definition einer Primärebene (3 Punkte), einer Sekundärebene (2 Punkte) und einer Tertiärebene (1 Punkt) wird das Teil statisch bestimmt gelagert. Die Geometrie des Teils wird durch die statisch bestimmte Lagerung nicht beeinflusst.

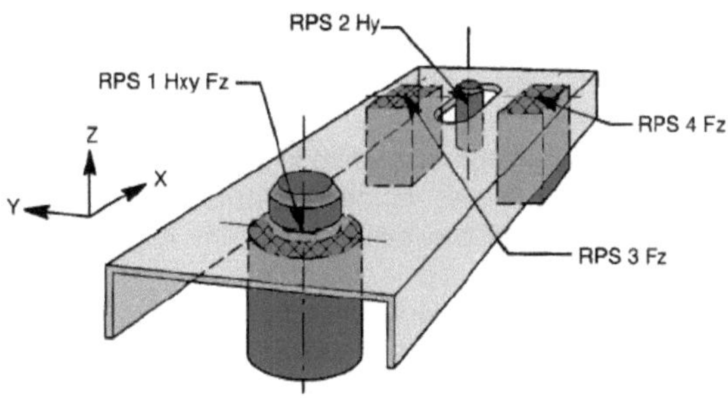

Abbildung 2-1 Bauteilausrichtung gemäß 3-2-1 Regel /UNGERMANN.06/

Die zur Ausrichtung eines Bauteils definierten Punkte werden häufig als Referenzpunkte bezeichnet (siehe **Abbildung 2-1**). Dem Referenzpunktsystem (RPS) zugrunde liegt ein Fahrzeugkoordinatensystem, das seinen Ursprung mittig auf Höhe der Vorderachse eines Fahrzeuges hat (siehe **Abbildung 2-2**). Die Referenzpunkte eines Bauteils bilden zum einen ein bauteilorientiertes Koordinatensystem (das unter anderem zur Tolerierung der Teile notwendig ist) und definieren zum anderen die Lage des Bauteils im Fahrzeugkoordinatensystem.

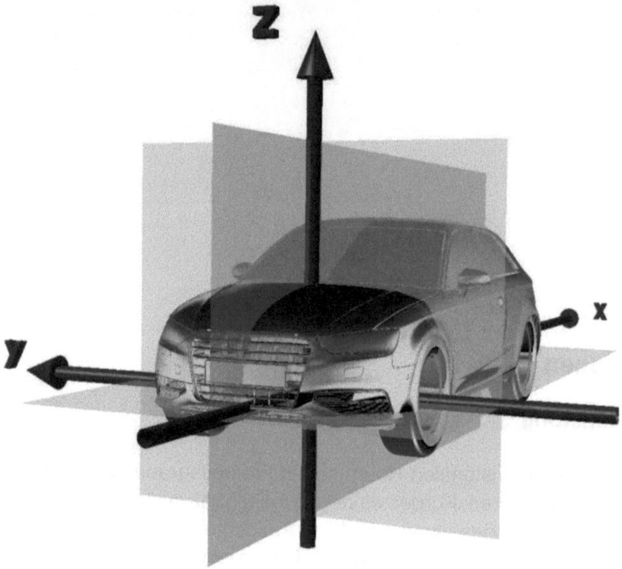

Abbildung 2-2 Fahrzeugkoordinatensystem

Die Definition von sechs (Haupt-)Referenzpunkten ist allerdings nur für einen ideal-starren Körper ausreichend. Bei realen Bauteilen kann es bedingt durch den Einfluss der Schwerkraft zu Deformationen kommen. Um eine prozesssichere und wiederholgenaue Positionierung zu gewährleisten und eine zielorientierte Repräsentation des Qualitätsstandes zu erreichen, kann die Bestimmung zusätzlicher Aufnahmepunkte (Stützstellen, auch Nebenreferenzpunkte) notwendig sein. Dabei ist allerdings zu beachten, dass ein Körper durch zusätzliche Stützpunkte statisch überbestimmt wird, wodurch die Geometrie des Körpers im Allgemeinen durch die zusätzlichen Stützpunkte beeinflusst wird.

Alle Referenzpunkte eines Objektes sind in der technischen Zeichnung eingetragen. Als Aufnahmepunkte dienen in der Regel Rund- oder Langlöcher (H / Hole) und Flächen (F / Face). Die Bezeichnung der RPS ist wie folgt:

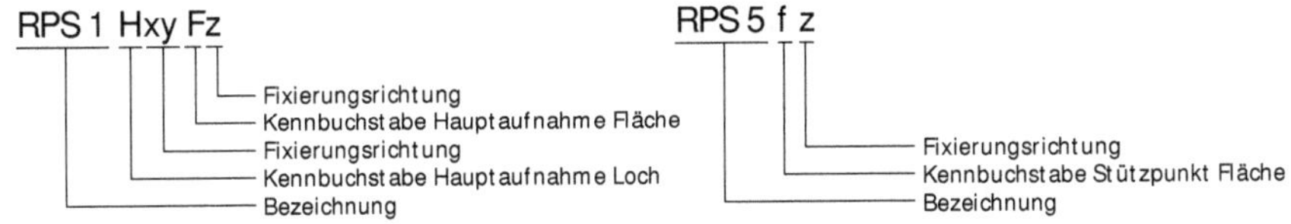

Im Rahmen des Qualitätsprozesses in der Prozesskette Karosseriebau ist die Lagerung von Einzelteilen und Baugruppen bei zwei Ereignissen essentiell:

Lagerung zur Beurteilung der Qualität (Messaufnahme)
Auf Basis des Ergebnisses der Bauteilvermessung (ET/ BG) werden Optimierungsmaßnahmen an Einzelteilen und/ oder Optimierungsmaßnahmen im Prozess definiert. Der Qualitätsstand muss durch das Messergebnis realistisch wiedergegeben werden. Insbesondere bei nicht-eigenstabilen Einzelteilen oder Baugruppen müssen die zusätzlichen Stützpunkte aufgrund ihres Einflusses auf die Geometrie daher sorgfältig gewählt werden.
Für die Bemaßung und Tolerierung nicht-formstabiler Teile existiert die Norm DIN ISO 10579, welche diese Problematik erfasst. Ein nicht-eigenstabiles Bauteil ist demnach ein Teil, das sich „im freien Zustand bis zu einem Ausmaß verformt, dass es außerhalb der in der Zeichnung eingetragenen Maßtoleranzen (...) liegt“. Der freie Zustand wird in dieser Norm als der Zustand definiert, in dem das Teil nur der eigenen Schwerkraft unterliegt. Gemäß der genannten Norm kann es erforderlich sein, für diese Art von Teilen in der Zeichnung Bedingungen einzutragen (beispielsweise die Richtung der Schwerkraft oder die Aufnahmebedingungen), unter denen die Toleranzen einzuhalten sind.
Die zugrundeliegende Erkenntnis ist die, dass die eigentliche Geometrie des Körpers vor dem Messen gar nicht bekannt ist. Werden bei einer überbestimmten Lagerung die zusätzlichen Stützstellen, wie es üblich ist, auf das Nominalmaß eingestellt, wird das Bauteil in diesen Bereichen unter Umständen also in eine Zwangslage gebracht und das Messergebnis beeinflusst. Daher muss vor der Definition der Bauteillagerung bestimmt werden, welche Aussage die Messung liefern soll.

Lagerung während des Fügeprozesses im Karosseriebau
In der Karosseriebauvorrichtung werden die Bauteile im Rahmen des Fügeprozesses zueinander positioniert und gespannt. Dies geschieht mittels Ausrichtelementen wie Zentrierbolzen, Auflagern, Einweisern und Spannern. Die Karosseriebauvorrichtung muss dabei so konzipiert sein, dass eine wiederholgenaue Positionierung der Teile zum Fügen gewährleistet ist, um eine Reproduzierbarkeit der Baugruppengeometrie sicher zu stellen. Die Position der einzelnen Elemente einer Karosseriebauvorrichtung auf dem Bauteil wird im Aufnahme- und Spannplan festgelegt.
Über die Position der Spanner auf dem Bauteil und durch Überdrücken einzelner Bereiche eines Bauteils lässt sich die Geometrie der resultierenden Baugruppe deutlich beeinflussen. Die Abstimmung der Karosseriebauvorrichtung auf die real vorliegenden Einzelteilgeometrien und den Einfluss des Fügeprozesses ist, wie in der Einleitung angesprochen, eine zentrale Aufgabe des Analyseteams im Produktprozess.

2.2 Verbindungstechnologien

2.2.1 Allgemein

Die Aufgabe des Fügeprozesses im Karosseriebau ist es, die Einzelteile einer Rohkarosse prozesssicher und wirtschaftlich zu einer Karosserie zu verbinden. Die strukturmechanischen Anforderungen an die Karosserie haben sich dabei in den letzten Jahrzehnten aufgrund immer neuer Crashanforderungen kontinuierlich erhöht. Wurde der VW Käfer von 1946 beispielsweise noch zu 100% aus Stählen mit einer Streckgrenze ≤ 140 MPa gefertigt, bestehen aktuelle Fahrzeugkarosserien aus einem breiten Materialmix, bei dem besonders strukturrelevante Einzelteile wie eine B-Säule aus Stahl mit einer Streckgrenze jenseits von 1000 MPa hergestellt werden.
Daraus ergeben sich an die Fügeverfahren im Kern drei Anforderungen: [vgl. /MEYER .12/]

- mit steigender Festigkeit des Grundwerkstoffs auch eine steigende Verbindungsfestigkeit zu erreichen
- Robustheit des Fügeprozesses bzgl. Materialmix (Mischbauweise) und geometrischen Streuungen der Fügepartner
- wirtschaftliches Verfahren für den Großserieneinsatz

Im Karosseriebau gibt es eine Vielzahl von verschiedenen Fügeaufgaben, bei denen fast jede eine andere konstruktive Gestaltung der Fügepartner aufweist, weshalb auch eine Vielzahl unterschiedlicher Fügeverfahren zum Einsatz kommt. Eine Übersicht zu den verschiedenen Fügeverfahren ist in der vierten Hauptgruppe der DIN 8580 gegeben.

Vor allem geometrische Abweichungen der Einzelteile, welche sich in Form von Spalten zwischen den Fügepartnern oder Kantenversätzen im Bereich der Fügeflansche äußern, führen dabei zu variablen Bedingungen für die Verbindung.
Welches Fügeverfahren eingesetzt wird, ist unter anderem abhängig von den verwendeten Werkstoffen, der konstruktiven Gestaltung der Werkstücke (z.B. Zugänglichkeit), den Ansprüchen an die Verbindung (Prozesszeit, Festigkeit, Optik, ...), der Wirtschaftlichkeit und der Zuverlässigkeit des Fügeverfahrens. Das Widerstandspunktschweißen ist im Stahlkarosseriebau heute immer noch das dominierende Fügeverfahren, welches sich durch eine hohe Zuverlässigkeit und Wirtschaftlichkeit auszeichnet. [siehe auch /MEYER.12/]

2.2.2 Widerstandspunktschweißen

Das Widerstandspunktschweißen zählt zur Gruppe der Pressschweißverfahren; die stoffschlüssige Verbindung der Fügepartner wird über die Widerstandswärme des elektrischen Widerstands der Schweißzone erzeugt, wobei die Werkstücke an der Schweißstelle in der Regel verflüssigt werden (Schweißlinse in **Abbildung 2-3**). [vgl. /FRITZ et al.06/]

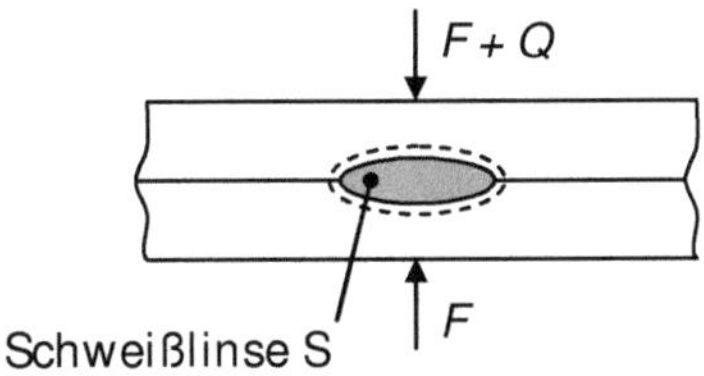

Abbildung 2-3 Punktschweißverbindung

Über die Elektroden der Punktschweißzange, welche die Einzelteile an der Fügestelle mit der Kraft F zusammenpressen, wird elektrischer Strom I in die Werkstücke eingeleitet (**Abbildung 2-4**). Dieser durchfließt im Sekundärkreis den ohmschen Widerstand R, wodurch Wärme Q erzeugt wird, welche die Werkstücke an der Schweißstelle schmelzen lässt. Die Wärme kann nach dem Jouleschen Gesetz berechnet werden:

$$Q = I^2 \cdot R \cdot t \tag{2.1}$$

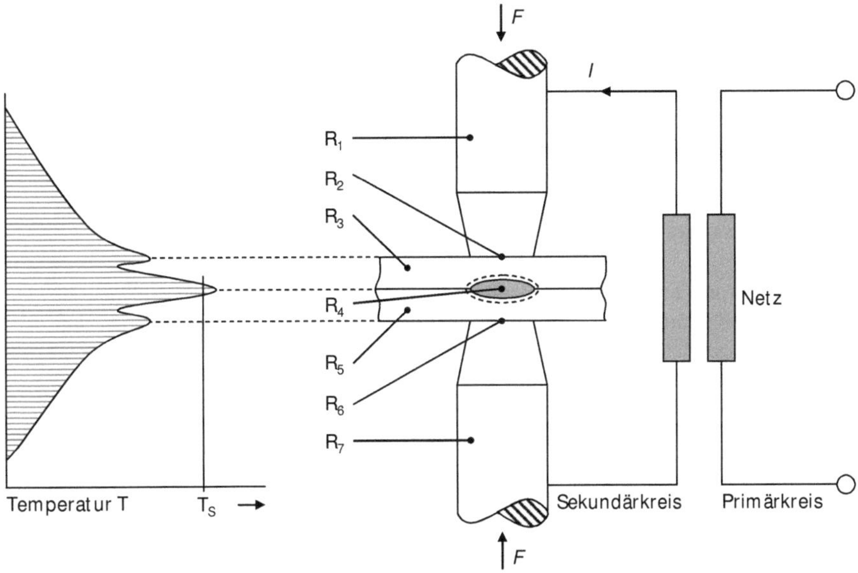

Abbildung 2-4 Verfahrensprinzip des Punktschweißens und Temperaturverteilung

Der Gesamtwiderstand R setzt sich aus den Stoffwiderständen der Elektroden (R_1, R_7) und der Werkstücke (R_3, R_5) sowie den Kontaktwiderständen Elektrode-Werkstück (R_2, R_6) und Werkstück-Werkstück (R_4) zusammen. Ziel ist es, im Widerstand R_4 die größte

Wärmemenge zu erzeugen, da sich hier zur Verbindung der Einzelteile die Schweißlinse ausbilden soll. An allen anderen Widerständen hingegen soll die Erwärmung möglichst gering sein, da es sich im Schweißprozess um Verlustwärme handelt.

Die Wärmeentwicklung lässt sich (wie aus dem Jouleschen Gesetz ersichtlich) zum einen über die Schweißparameter (Schweißstrom I, Schweißzeit t, Elektrodenkraft F) und zum anderen über die einzelnen Widerstände im Stromkreis beeinflussen: [vgl. /FRITZ et al.06/]

- **Stoffwiderstand der Elektroden:** der elektrische Widerstand soll möglichst gering sein. Eine sehr gute elektrische (und damit thermische) Leitfähigkeit des Materials und zusätzlich noch eine Wasserkühlung der Elektroden sollen die Verlustwärme minimieren, weshalb im Allgemeinen Kupferlegierungen für die Elektroden verwendet werden.

- **Stoffwiderstand der Werkstücke:** er ist im Wesentlichen unveränderbar.

- **Kontaktwiderstand Elektrode-Werkstück:** der Kontaktwiderstand wird stark durch die Oberflächenbeschaffenheit bestimmt. Die Oberflächenrauheit ist die Ursache dafür, dass zu Beginn der Schweißung nicht der gesamte Kontaktbereich stromleitend ist. Durch eine Erhöhung der Elektrodenkraft F wird der Kontaktwiderstand geringer, allerdings kommt es dadurch auch zu Elektrodeneindrücken und einem höheren Verschleiß der Elektroden.
  Auch Beschichtungen oder Verschmutzungen (beispielsweise durch Öle oder Oxide) der Werkstückoberflächen erhöhen den Kontaktwiderstand, weshalb eine Reinigung der Oberfläche vor dem Schweißen notwendig sein kann.

- **Kontaktwiderstand Werkstück-Werkstück:** hier soll der Widerstand und damit die erzeugte Wärmemenge am größten sein.

- **Schweißstrom I und Schweißzeit t:** für die Ausbildung der Schweißlinse ist das Schweißstrom- und das Elektrodenkraftprogramm ausschlaggebend, das beispielhaft wie folgt aussehen kann (**Abbildung 2-5**):
  Vorwärmphase: die hohe Presskraft der Elektroden sorgt für einen gut ausgebildeten Kontaktbereich der Werkstücke. Der Vorwärmstrom ist zum Schweißen unzureichend, verringert aber die Abkühlgeschwindigkeit der Werkstücke.
  Schweißen: der Schweißstrom wird erhöht und wirkt in Form eines oder mehrerer Impulse. Die Presskraft der Schweißzange wird reduziert.
  Nachwärmphase: durch diese Wärmebehandlung wird die metallurgische Qualität der Schweißlinse verbessert.

In Abbildung 2-4 ist eine typische Temperaturverteilung beim Punktschweißen zu sehen. Die Schmelztemperatur T_S der Werkstücke wird nur im Bereich der Schweißlinse überschritten. Um die Schweißlinse bildet sich während des

Schweißprozesses ein Bereich, der zwar nicht aufgeschmolzen wird, der aber durch die thermische Energie eine Gefügeänderung erfährt. Dieser Bereich wird als Wärmeeinflusszone (WEZ) bezeichnet. Beim Abkühlen des Werkstoffes kommt es zu einer nicht vernachlässigbaren Schrumpfung dieses Bereiches, wodurch zusätzliche Spannungen in die Baugruppe eingebracht werden, die sich in Form von Schweißverzug äußern. /BERGMANN.02/

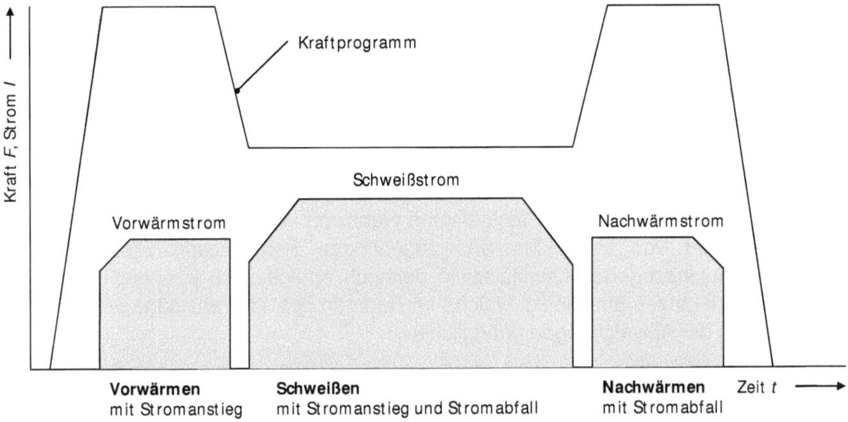

Abbildung 2-5 Beispiel für ein Elektrodenkraft- und Schweißstromprogramm beim Punktschweißen

2.3 Qualität

Das Qualitätsmanagement (QM) hat zum Ziel, die Forderungen (Gesamtheit der betrachteten Einzelforderungen) an die Beschaffenheit (Gesamtheit der Merkmale, die zur Einheit selbst gehören) einer Einheit (Produkt, Tätigkeit, System, Organisation, etc.) zu erfüllen. [vgl. /GEIGER.08/]
Als Qualität wird gemäß DIN 55350-11 (Ergänzung zu DIN EN ISO 9000:2005) die realisierte Beschaffenheit (der Einheit) in Bezug auf die Forderungen bezeichnet.
Zu jedem Qualitätsmerkmal gehört eine Einzelforderung, die durch vorgegebene Merkmalswerte (z.B. Nennwert und Toleranz) spezifiziert wird. Sie können als quantitative (prüfbar) und qualitative (beobachtbar) Merkmale unterschieden werden. Im hier beschriebenen Kontext sind die Merkmalswerte zumeist messbare geometrische Eigenschaften, also kontinuierliche Werte.

Die Fertigung ist durch den Einfluss der 5M (**Abbildung 2-6**) Schwankungen unterworfen, die Abweichungen vom festgelegten Nennwert verursachen. Um bei der heutigen Komplexität von Produkten und zugehörigen Fertigungsprozessen die gewünschten produktbezogenen Qualitätsziele dennoch erreichen zu können, ist die Festlegung von Toleranzen notwendig, welche im Rahmen des Toleranzmanagements eine Beherrschung der Abweichungen ermöglichen.

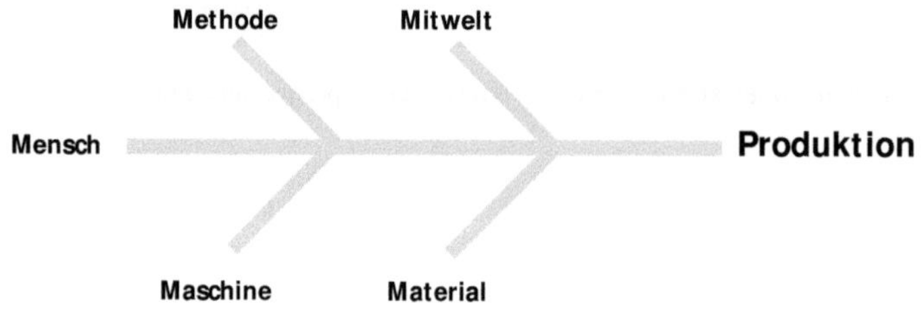

Abbildung 2-6 Einfluss der 5M auf die Fertigung

Die Vergabe der Toleranzen erfolgt im Spannungsfeld von

- Wirtschaftlichkeit,
- technisch-funktionalen Anforderungen sowie
- visuellen Anforderungen

und erfordert detaillierte Kenntnisse über das Zusammenspiel von Produkt, Prozess und Ressource im Fertigungsprozess.

Die Festlegung der Toleranzen erfolgt heute in der Regel zunächst erfahrungsbasiert und wird dann durch statistische Methoden abgesichert. Häufig werden die Toleranzen aus Gründen der Verantwortlichkeit für die Funktionserfüllung aber dennoch zu eng gewählt, was zu Blindleistungen führt. /PRAUN.03/ /HOLLAND.94/ Durch eine Einengung der Toleranzen steigen die Kosten für Fertigung und Qualitätssicherung exponentiell an. Daher gilt bei der Tolerierung der Grundsatz: „so genau wie nötig und so grob wie möglich." /BOHN.96 / /HOLLAND.94/

Von zentraler Bedeutung bei der Festlegung der Toleranzen ist das Schließmaß M_0, das sich aus den Einzelmaßen M_i welche sich in eine gemeinsame Richtung erstrecken, zusammensetzt. Zu jedem Schließmaß M_0 gehört im Allgemeinen eine Toleranz T_0. Es existieren zwei verschiedene Vorgehensweisen der Toleranzrechnung (**Abbildung 2-7**): [nach /KLEIN.07/]

- *Toleranzanalyse*
  Die Schließmaßtoleranz wird aus den Einzeltoleranzen berechnet; diese Verfahrensweise wird zur Untersuchung der Funktionsfähigkeit einer Maßkette bei gegebenen Einzeltoleranzen angewendet.

- *Toleranzsynthese*
  Bei dieser Vorgehensweise wird die Schließmaßtoleranz vorgegeben und die Toleranzen der Einzelteile daraus abgeleitet. Die Toleranzsynthese hat im Allgemeinen keine eindeutige Lösung, da eine Vielzahl an Kombinationen von Toleranzen für Einzelteile möglich ist. Daraus ergibt sich die Notwendigkeit, Randbedingungen für die Suche zu formulieren. /PRAUN.03/

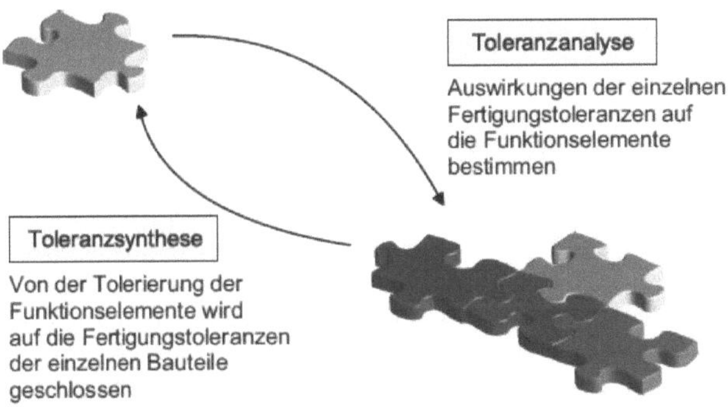

Abbildung 2-7 Toleranzanalyse und –synthese /PRAUN.03/

Methoden der Toleranzanalyse

Die Auswirkungen der einzelnen unabhängigen Einzelteiltoleranzen in einer Maßkette auf das Schließmaß werden mit der Toleranzanalyse ermittelt. Die Schließmaßtoleranz wird dabei als Funktion der Einzelteiltoleranzen dargestellt:

$$T = f(t_1, t_2, ..., t_n) \tag{2.2}$$

Nach /BATHE.82/ empfiehlt sich für die Berechnung technischer Probleme die folgende Vorgehensweise, die allen Methoden der Toleranzrechnung zugrunde liegt:

- Idealisierung des Systems auf eine Form, die berechnet werden kann,
- die Aufstellung eines Gleichungssystems, das das idealisierte System beschreibt (mathematische Modellierung),
- die Lösung des Gleichungssystems und
- die Interpretation der Ergebnisse.

Die verschiedenen Methoden der Toleranzanalyse unterscheiden sich also in der Funktion, mit der aus den Einzelteiltoleranzen die Toleranz des Schließmaßes berechnet wird. Bei der arithmetischen Toleranzrechnung stellt die Funktion eine schlichte Addition der einzelnen Toleranzkettenglieder dar, während bei der statistischen Toleranzrechnung die Verknüpfung der Einzelverteilung zur Verteilung des Schließmaßes durch die Faltung der Merkmalsverteilungen erfolgt. Zur Lösung sehr komplexer (nicht-linearer) Systeme kommen numerische Verfahren wie beispielsweise die Monte-Carlo-Simulation zum Einsatz. Bei der stochastischen Simulation werden statt einem Rechenlauf (wie beispielsweise bei der arithmetischen Toleranzrechnung) mehrere Rechnungen durchgeführt, bei denen die Eingangsparameter gemäß deren Häufigkeitsverteilung zufällig variiert werden. Aus der Berechnung dieser verschiedenen „Ereignisse" erhält man die Verteilungsfunktion der Zielgröße als Ergebnis.
Die Monte-Carlo Methode ist die Basis für viele kommerzielle Lösungen zur 3D-Toleranzanalyse.

Die bisherigen Ausführungen zur Toleranzfestlegung basieren auf der Starrkörperhypothese, d.h. Einflüsse, die während der Fertigung Auswirkung auf die Einzelteil- oder Baugruppengeometrie haben (wie Schwerkraft, Wärmeeintrag, Spannkräfte, etc.), werden bei dieser Betrachtung nicht berücksichtigt. Dies kann zu einer falschen Bewertung der Toleranzen von Baugruppen führen, daher muss die Verformbarkeit der Einzelteile in die Berechnung einbezogen werden. Ansätze zur Tolerierung nachgiebiger Baugruppen werden unter anderem in den Promotionsschriften „Toleranzanalysen nachgiebiger Baugruppen im Produktentstehungsprozess" von von Praun (/PRAUN.03/) und „Simulation toleranzbehafteter Karosseriestrukturen und deren virtuelle Qualitätsbeurteilung" von Ungemach (/UNGEMACH.09/) vorgestellt. Beide Arbeiten sehen zur Berücksichtigung von Einzelteildeformationen infolge von Einspannbedingungen die Integration der Finiten-Elemente-Methode in die Toleranzanalyse vor. Mittels der Monte-Carlo Methode werden für die FE-Analysen Parametersätze nach vorgegebener Verteilung generiert, die die Streuung von Prozessparametern (beispielsweise in den Einzelteilgeometrien oder den Karosseriebauvorrichtungen) widerspiegeln. „Nach der Durchführung mehrerer Tausend dieser Schleifendurchläufe und damit auch mehrerer Tausend Finite-Elemente-Berechnungen, wird aus der Gesamtheit der ermittelten Ergebnisse die statistische Verteilung der Zielgrößen bestimmt." /UNGEMACH.09/ Auch bei diesen

Ansätzen bleiben Prozesseinflüsse durch das Fügeverfahren allerdings unberücksichtigt.

Methoden der Toleranzsynthese

Ausgehend von der Funktion des Gesamtsystems ist die Ermittlung der Toleranzen für die einzelnen Teilsysteme das Ziel der Toleranzsynthese. Wie zu Beginn dieses Abschnitts angesprochen, gibt es für die Toleranzsynthese kein eindeutiges Ergebnis. Im Allgemeinen wird aber die kostengünstigste Lösung als optimal angesehen. Dieser Ansatz wird mit den sogenannten Toleranzkostenmodellen verfolgt, die neben der Realisierung der reinen Funktionalität des Produktes auch die Minimierung der Fertigungskosten zum Ziel haben. Die Auswirkungen von Einzeltoleranzen auf die Kosten des Gesamtsystems werden dabei durch eine Toleranz-Kosten-Funktion beschrieben. [vgl. auch /PRAUN.03/]

2.4 FEM – Grundlagen des Berechnungsverfahrens

Der Produktentstehungsprozess wird heute in vielen Bereichen durch CAx-Methoden (wie CAD, CAE, CAM, etc.) unterstützt. Die Methoden dürfen dabei nicht separat gesehen werden, sondern müssen, um ihr volles Potential nutzen zu können, im Rahmen einer Digitalen Fabrik Strategie ganzheitlich betrachtet werden (siehe Kapitel 3.4 und /ENDRES.06/).
Die Finite-Elemente-Methode (FEM) ist eines der Werkzeuge des Computer Aided Engineering (CAE) und ist in der Automobilindustrie unter anderem in den Bereichen Umformsimulation oder Crashberechnung Stand der Technik. Sie ist ein anerkanntes numerisches Berechnungsverfahren, mittels dessen die beschreibenden Differentialgleichungen komplexer physikalischer Probleme gelöst werden können. Ziele der FEM sind beispielsweise der Festigkeitsnachweis, Versagensvorhersage, Reduzierung von experimentellem Aufwand sowie Reduzierung von Entwicklungskosten und –zeit.

Die allgemeine Vorgehensweise bei der Anwendung der FE-Methode lässt grundsätzlich drei Phasen unterscheiden: [vgl. u.a. /SCHAEFER.99/, /MEYWERK.07/, /STEINKE.07/]

- Pre-Processing
- Lösungsprozess (Berechnung)
- Post-Processing

2.4.1 Pre-Processing

Physikalische Modellbildung
Ausgehend von einer Problemstellung wird ein mathematisch-physikalisches Modell gebildet, dessen wichtigste Grundlagen die relevanten Erhaltungsgleichungen (Massen-, Impuls- und Energieerhaltung, Materialgesetze, etc.) sind. Diese Modelle bestehen bei praxisrelevanten Aufgabenstellungen in der Regel aus einem System von nichtlinearen partiellen Differentialgleichungen und lassen sich nicht mehr analytisch lösen. Bei der Modellierung ist einerseits darauf zu achten, dass der Berechnung eine geeignete (hinreichend präzise) Basis zugrunde gelegt wird; andererseits ist durch eine Vereinfachung des Modells eine Reduzierung des Rechenaufwandes möglich. Die große Herausforderung der Modellbildung besteht darin, in diesem Spannungsfeld ein sinnvolles Maß für die Detaillierung des Problems zu finden, so dass bei der Berechnung alle für die Aufgabenstellung wesentlichen Effekte berücksichtigt werden. [vgl. /SCHAEFER.99/, /MEYWERK.07/]
Für die vollständige Definition eines zu berechnenden Problems müssen im Weiteren Rand- und, bei instationären Prozessen, Anfangswerte (im Allgemeinen bei $t_0=0$) angegeben werden. Als Ergebnis dieser Modellierung erhält man eine *kontinuierliche Problembeschreibung*. [vgl. u.a. /SCHAEFER.99/, /MEYWERK.07/, /STEINKE.07/]

Diskretisierung der Gleichungen

Im nächsten Schritt wird das kontinuierliche Gleichungssystem durch ein algebraisches Gleichungssystem approximiert. Dieser Schritt wird als *Diskretisierung der Gleichungen* bezeichnet. Als Diskretisierungsverfahren sind heute vor allem die

- Finite-Differenzen-Methode (FDM)
- Finite-Elemente-Methode (FEM)
- Finite-Volumen-Methode (FVM)

verbreitet. Da im Rahmen dieser Arbeit lediglich Aufgabenstellungen aus der Strukturmechanik betrachtet werden, wird hier nur auf die FEM und, im Rahmen der Zeitdiskretisierung, auf die FDM eingegangen. Die FVM findet hauptsächlich Anwendung in der Strömungsmechanik.

Die Überführung der kontinuierlichen partiellen Differentialgleichungen in ein algebraisches Gleichungssystem erfolgt dabei mit dem Ritz-Galerkin-Verfahren. Die Vorgehensweise kann detailliert bei /KLEIN.07/ und /SCHAEFER.99/ nachgelesen werden und wird im Rahmen dieser Arbeit beispielhaft für die Poisson-Gleichung durchgeführt.

Bei instationären Vorgängen sind die physikalischen Größen nicht nur vom Ort, sondern auch von der Zeit abhängig. Dementsprechend muss eine Diskretisierung der Zeit in den Gleichungen erfolgen. Die Lösung eines Gleichungssystems zum Zeitpunkt t_{n+1} kann gemäß dem Kausalitätsprinzip nur von den davorliegenden Zeitschritten $t_n, t_{n-1}, \ldots$ abhängen. Auf Basis der Anfangsbedingung für die Zeit bei t_0 werden sukzessive die nachfolgenden Zeitschritte t_1, t_2, ... berechnet. Die Methoden zur Zeitdiskretisierung können dabei in zwei Klassen aufgeteilt werden [vgl. /SCHAEFER.99/]:

- explizite Verfahren: Diskretisierung der rechten Gleichungsseite nur zu vorherigen Zeitschritten $\Phi^{n+1} = \Im(\Phi^{n}, \Phi^{n-1}, \ldots)$

- implizite Verfahren: Diskretisierung der rechten Gleichungsseite auch zum neuen Zeitschritt $\Phi^{n+1} = \Im(\Phi^{n+1}, \Phi^{n}, \Phi^{n-1}, \ldots)$

Der Vorteil der expliziten Verfahren liegt darin, dass die gesuchte Größe Φ^{n+1} als Funktion bekannter Werte vorliegt und direkt ausgewertet werden kann. Die Genauigkeit der Lösung ist dabei allerdings abhängig von der Größe des Zeitschritts. Diese Verfahren sind nur bedingt stabil, da die gewünschte Genauigkeit bei einem definierten minimalen Zeitschritt möglicherweise nicht erreicht wird und die Berechnung daraufhin abbricht. Besonders effizient ist es im Einsatzbereich der Kurzzeitmechanik (Crash) und bei extremen nichtlinearen Effekten (Kontakt, starke Dehnungen und Verschiebungen).

Implizite Berechnungsverfahren sind im Gegensatz dazu bedingungslos stabil. Die gesuchte Größe kann allerdings nicht direkt ausgewertet, sondern muss iterativ bestimmt werden, was das Verfahren sehr langsam macht. Die Qualität des Ergebnisses ist abhängig von der Schrittweite, im Abstand derer die Funktion ausgewertet wird. Implizite Verfahren werden beispielsweise im Bereich der Strömungssimulation eingesetzt.

Geometrische Modellbildung

Die Beschreibung der Geometrie ist im Allgemeinen in Form von CAD-Daten gegeben. Dabei handelt es sich um eine kontinuierliche Beschreibung des Gebietes, das für die Anwendung von numerischen Berechnungsverfahren durch eine endliche Anzahl von Teilgebieten approximiert werden muss. Man bezeichnet diesen Schritt auch als *Diskretisierung des Problemgebietes* oder *Gittererzeugung*. [vgl. /SCHAEFER.99/]
Die Modellierung eines geeigneten numerischen Gitters ist in der Praxis, insbesondere bei komplexen Geometrien, häufig der aufwändigste Teil einer numerischen Analyse. Einerseits sollen die Geometrie des Problemgebietes und die Problemstellung durch das Netz möglichst gut repräsentiert werden, andererseits sind eine automatische Gittererzeugung und die Unterstützung einer effizienten Berechnung wünschenswert. Es gilt: „Je regelmäßiger ein Gitter ist, desto effizienter sind die Lösungsalgorithmen für die Berechnung, desto unflexibler ist es aber im Hinblick auf die Modellierung komplexer Geometrien“ /SCHAEFER.99/ und Problemstellungen.
Bezüglich der Beschaffenheit des Gitters existieren verschiedene Unterscheidungsmerkmale:

Elementtypen

Ein Gitter besteht aus Punkten, an denen die abhängigen Größen wie Spannungen oder Temperatur vorgegeben oder berechnet werden. Bei der FEM werden diese Punkte als Knoten, bei der FVM als Gitterpunkte bezeichnet. Durch die Verknüpfung einzelner Knoten werden die Elemente aufgespannt, die nach ihrer Dimension unterschieden werden können (**Abbildung 2-8**): [vgl. /MEYWERK.07/, /FELLNER.09/]

- Stab: eindimensionales Element, überträgt Kräfte in Längsrichtung
- Balken: dreidimensionales Element, überträgt nur Biegekräfte und –momente
- Scheibe: zweidimensionales Element, überträgt Kräfte in zwei Koordinatenrichtungen
- Platte: dreidimensionales Element, überträgt Kräfte in drei und Momente in zwei Koordinatenrichtungen
- Schale: dreidimensionales, räumlich gekrümmtes Plattenelement, überträgt Kräfte in drei und Momente in zwei Koordinatenrichtungen
- Volumenelement: dreidimensionales Element, überträgt Kräfte und Momente in drei Koordinatenrichtungen

Gittertypen

Beim *randangepassten Gitter* wird der Rand des Problemgebietes direkt durch Gitterlinien approximiert (Randintegrität). *Kartesische Gitter* überdecken die Geometrie mit einem regulären Netz; dabei kann es zu irregulären Gitterzellen kommen, welche einer gesonderten Behandlung bedürfen. Bei *überlappenden Gittern* (auch Chimera-Gitter) werden verschiedene Bereiche des Problemgebietes weitgehend unabhängig voneinander diskretisiert. An den Grenzen der Bereiche werden Überlappungszonen zugelassen, die ebenfalls speziell behandelt werden müssen. [vgl. /SCHAEFER.99/]

Gitterstruktur
Weiterhin wird zwischen *strukturierten und unstrukturierten Gittern*, d.h. der logischen Anordnung der Gitterzellen zueinander, unterschieden.
Strukturierte Gitter sind durch eine regelmäßige Anordnung der Gitterpunkte zueinander gekennzeichnet. Diese Gitter können durchaus auch krummlinig sein, die Nachbarschaftsbeziehungen der Knoten folgen dabei aber einem festen Muster. Bei dieser Gitterstruktur müssen daher auch nur die Koordinaten der Knoten gespeichert werden. Die Identität der Nachbarpunkte ist über die Struktur eindeutig festgelegt. /SCHAEFER.99/

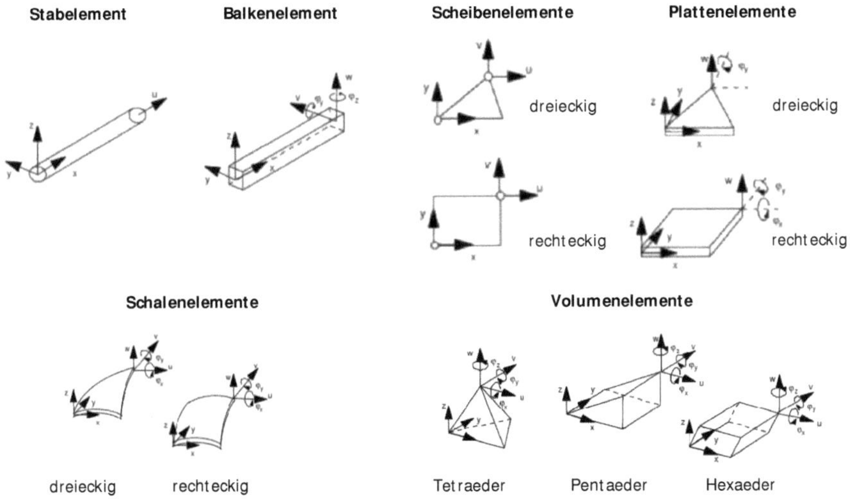

Abbildung 2-8 Typen Finiter Elemente

Unstrukturierte Gitter weisen im Allgemeinen keine Regelmäßigkeiten in der Anordnung der Gitterpunkte auf, wodurch eine größtmögliche Flexibilität bei der Vernetzung einer Geometrie gewährleistet wird. Allerdings müssen bei diesen Gittertypen neben den Koordinaten der Knoten auch Nachbarschaftsbeziehungen gespeichert werden. Festzuhalten ist an dieser Stelle, dass die Gitterstruktur zunächst nicht von den Elementtypen des Gitters anhängig ist; auch mit Dreiecks- bzw. Tetraeder-Elementen lassen sich strukturierte Gitter bilden. /SCHAEFER.99/

Die Vor- und Nachteile strukturierter und unstrukturierter Gitter sind bei /SCHAEFER.99/ nachzulesen.

In der Praxis wird häufig zunächst ein strukturiertes Gitter erzeugt, das dann lokal an die Problemstellung und die Einzelteilgeometrie angepasst wird.

2.4.2 Berechnungsverfahren/ Lösungsprozess

Nach der Diskretisierung der Gleichungen und des Problemgebietes im Rahmen des Pre-Processing besteht der nächste Schritt darin, für die unbekannte, exakte Lösungsfunktion der Differentialgleichung

$$\Phi = \Phi(x_P, t_n) \tag{2.3}$$

am Gitterpunkt x_P zum Zeitpunkt t_n eine Lösung zu berechnen. Dazu muss das lineare Gleichungssystem $S \cdot c = b$ gelöst werden. Grundsätzlich unterscheidet man hier direkte und iterative Lösungsmethoden. [vgl. /SCHAEFER.99/]
Ein weit verbreitetes direktes Lösungsverfahren ist die Gauß-Elimination, welche speziell bei strukturmechanischen Aufgaben häufig eingesetzt wird. Vorteil des Verfahrens ist, dass die exakte Lösung des Gleichungssystems ermittelt wird. Der Aufwand zur Lösung von Gleichungssystemen wächst mit steigender Anzahl von Gitterpunkten allerdings stark überproportional an, was ihre Eignung für praxisrelevante Problemstellungen deutlich verschlechtert.
Die iterativen Lösungsmethoden optimieren ausgehend von einer geschätzten Lösung Φ^0 durch wiederholte Anwendung des Verfahrens P die Qualität der numerisch angenäherten Lösung:

$$\Phi^{k+1} \leftarrow \mathrm{P}(\Phi^k), \quad k = 0,\, 1,\, \ldots \tag{2.4}$$

Die Verfahren enden, wenn das Abbruchkriterium erreicht oder $\Phi^k = \mathrm{P}(\Phi^k)$ ist (Fixpunkt). Zu beachten ist, dass die berechnete Lösung $\tilde{\Phi}_p^n$ bei iterativen Verfahren nur eine numerische Näherung der exakten Lösung Φ_p^n der diskreten Gleichungen ist. Die diskreten Gleichungen wiederum stellen eine Approximation der Differentialgleichung dar, deren Lösung die Funktion $\Phi(x_P, t_n)$ ist. Die drei Lösungen $\Phi(x_P, t_n)$, Φ_p^n und $\tilde{\Phi}_p^n$ sind im Allgemeinen nicht identisch: [vgl. /SCHAEFER.99/]

- $\left|\Phi(x_P, t_n) - \Phi_p^n\right|$ wird als Diskretisierungsfehler bezeichnet
- $\left|\tilde{\Phi}_p^n - \Phi_p^n\right|$ wird als Lösungsfehler bezeichnet
- $\left|\Phi(x_P, t_n) - \tilde{\Phi}_p^n\right|$ ist der Gesamtnumerikfehler

Bei den Beziehungen zwischen den verschiedenen Lösungen und Fehlern sind Konsistenz, Konvergenz und Stabilität entscheidende Forderungen an ein Diskretisierungsverfahren: [vgl. /SCHAEFER.99/]

- als konsistent wird eine Diskretisierungsmethode bezeichnet, bei der für $\Delta x \to 0$ und $\Delta t \to 0$ die diskretisierten Gleichungen in die ursprünglichen Gleichungen übergehen;

- als stabil wird ein Diskretisierungsverfahren bezeichnet, für das der Fehler $\left|\tilde{\Phi}_p^n - \Phi_p^n\right|$ auf dem ganzen Lösungsgebiet für alle Zeitschritte begrenzt bleibt;

- als konvergent wird eine Diskretisierungsmethode bezeichnet, bei der die numerisch berechnete Lösung für feiner werdende Gitter gegen die exakte Lösung der Differentialgleichung konvergiert.

Iterative Verfahren sind beispielsweise SOR (successive overrelaxation), CG (conjugate gradient), ILU (incomplete lower-upper-decomposition) oder Mehrgitterverfahren, auf die ihm Rahmen dieser Arbeit aber nicht weiter eingegangen wird.

2.4.3 Post-Processing

Im Rahmen des Post-Processing werden die Simulationsdaten zur Interpretation aufbereitet. Im Kontext dieser Arbeit werden dabei Einzelteil- und Baugruppengeometrien verglichen. Wesentliche Funktion ist dabei, die Bauteile über ihre sechs Freiheitsgrade zueinander auszurichten und eine Fehlfarbendarstellung zu erzeugen.

2.4.4 Kontaktproblem

Bei der Betrachtung strukturmechanischer Problemstellungen mit mehreren Einzelteilen ist sicherzustellen, dass sich die Einzelteile in Folge von Verformungen nicht durchdringen. Dies wird beim Finiten-Elemente Verfahren mittels Kontaktelementen erreicht, mit denen die Grenzflächen der Einzelteile in den Bereichen modelliert werden, in denen ein Kontakt vermutet wird. Der eine Körper wird dabei als Kontaktkörper (contactor) und der andere als Zielkörper (target) definiert. /KLEIN.07/
Um festzustellen, ob Kontakt vorliegt, wird durch einen Rechenalgorithmus geprüft, ob die Knoten des Kontaktkörpers in den Zielkörper eindringen. Da der umgekehrte Fall im Allgemeinen nicht geprüft wird, ist die Definition von Kontakt- und Zielkörper abhängig von den Einzelteilgeometrien nicht immer unbedeutend (siehe auch /KLEIN.07/).

Die mathematische Modellierung des Kontaktproblems erfolgt über die Einarbeitung von Nebenbedingungen. Die Nebenbedingung wird als differenzierbare Zielfunktion formuliert und lässt sich als Optimierungsaufgabe mit Nebenbedingung beispielsweise mittels Lagrange-Multiplikatoren oder Penalty-Methode lösen.

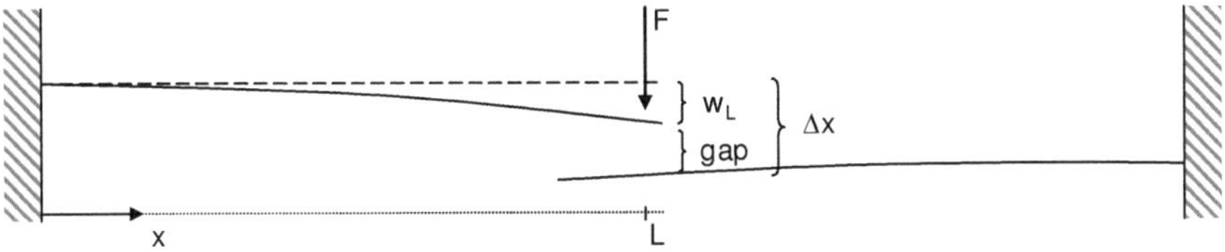

Abbildung 2-9 Kontaktmodell am Beispiel des Biegebalkens

Aus der Differentialgleichung der Biegelinie unter Last erhält man für die Durchbiegung an der Stelle L (**Abbildung 2-9**):

$$w(L) = w_L = \frac{F \cdot L^3}{12 \cdot E \cdot I} \tag{2.5}$$

Der Spalt zwischen den beiden Teilen errechnet sich zu: $gap(w_L) = \Delta x - w_L$

Das Flächenträgheitsmoment eines rechteckigen Balkens im Schwerpunkt ist:

$$I = \frac{b \cdot h^3}{3} \tag{2.6}$$

Durch Einsetzen kommt man zu: $$F = \frac{w_L \cdot E \cdot h^3 \cdot b}{4 \cdot L^3} \tag{2.7}$$

Diese Gleichung kann man schreiben als: $$F = w_L \cdot c, \tag{2.8}$$

wobei w_L der Federweg ist und c als Proportionalitätsfaktor der Federkonstanten entspricht. Diese Gleichung ist erfüllt, solange *gap* > 0 ist.

Die Kontaktkraft für *gap* = 0 (d.h. $w_L = \Delta x$) ist: $F_C = \Delta x \cdot c - F$

Für Systeme im statischen Gleichgewicht gilt, dass die potenzielle Energie ihr Minimum erreicht. Ist *gap* > 0, gilt für die potenzielle Energie:

$$w(L) = w_L = \frac{F \cdot L^3}{12 \cdot E \cdot I} \tag{2.9}$$

$$\Delta E = \int \vec{F}(s) \circ d\vec{s} = \frac{1}{2} \cdot c \cdot w_L^2 - w_L \cdot F \quad \rightarrow Min. \tag{2.10}$$

Wird die Kontaktbedingung verletzt, das heißt *gap* < 0, muss *gap* = 0 erzwungen werden.

Penalty-Methode

Bei der Penalty-Methode wird zu diesem Zweck das Optimierungsproblem mit einem Strafterm formuliert als

$$w(L) = w_L = \frac{F \cdot L^3}{12 \cdot E \cdot I} \tag{2.11}$$

$$\Delta E = \frac{1}{2} \cdot c \cdot w_L^2 - w_L \cdot F + \frac{1}{2} \cdot \varepsilon \cdot (\Delta x - w_L)^2 \quad \rightarrow Min., \tag{2.12}$$

wobei ε der Penalty-Parameter ist. Das Minimum wird erreicht für

$$w_L = \frac{F + \varepsilon \cdot \Delta x}{c + \varepsilon}. \tag{2.13}$$

Für *gap* < 0 gilt: $F > \Delta x \cdot c$

Es soll gelten gap = 0, d.h.

$$gap = \Delta x - w_L = \left(1 - \frac{a \cdot c + \varepsilon}{c + \varepsilon}\right) \cdot \Delta x \quad (2.14)$$

soll gleich Null sein, mit a>1. Damit die Gleichung erfüllt ist, muss ε gegen unendlich streben, was in der numerischen Berechnung allerdings problematisch ist. Für die Praxis ist die Kontaktbedingung für $\varepsilon = 100$ nahezu erfüllt, womit ein technisch hinreichender Wert für den Penalty-Parameter gefunden ist. [vgl. /RUST.09/]

Lagrange-Multiplikator-Methode

Statt dem Penalty-Term wird bei dieser Methode der Term $\lambda \cdot gap(w_L)$ addiert:

$$\Delta E = \frac{1}{2} \cdot c \cdot w_L^2 - w_L \cdot F + \lambda \cdot gap(w_L) \quad \rightarrow Min. \quad (2.15)$$

Das Minimum wird erreicht für:

$$c \cdot w_L - F + \lambda \cdot \frac{\partial gap(w_L)}{\partial w_L} = c \cdot w_L - F - \lambda = 0 \text{ und } gap(w_L) = 0 \quad (2.16)$$

$$\lambda = c \cdot w_L - F \text{ und } w_L = \Delta x \quad (2.17)$$

Daraus folgt: $\lambda = c \cdot \Delta x - F$

Das heißt, der Lagrange-Multiplikator λ ist gleich der Kontaktkraft. [vgl. /RUST.09/]

Mit den vorgestellten Methoden ist es möglich, mechanische Effekte wie beispielsweise Grenzflächendeformationen zu erfassen. Dies ist eine zwingend notwendige Voraussetzung, um die im Kontext dieser Arbeit betrachteten Problemstellungen möglichst realitätsnah abbilden zu können.

3 Stand der Erkenntnisse

3.1 Prozesskette Karosseriebau

Die Karosserie ist in ihrer Entwicklung und Herstellung einer der komplexesten Bereiche eines Automobils. Im Rahmen des Simultaneous Engineering in der Produktentstehung sind viele unterschiedliche Fachbereiche wie etwa Design, Konstruktion, Fahrzeugsicherheit/ Funktionsauslegung/ Crash, Werkzeug- und Vorrichtungsbau, Fertigungsplanung, Fahrzeugaufbau und Analyseteam an ihrer Entstehung beteiligt.
Ziel des Karosseriebaus ist es, Rohkarossen herzustellen, die in allen relevanten Bereichen die Qualitätsanforderungen erfüllen, unter Vorhaltungen von Prozesseinflüssen der nachgelagerten Produktionsschritte Lack und Endmontage.

Wie in Kapitel 2.3 erläutert, versteht man unter Qualität die realisierte Beschaffenheit einer Einheit, in diesem Fall der Karosserie, im Bezug auf die Forderung. Die Forderung ist die Gesamtheit der Einzelforderungen, welche durch Merkmalswerte (bestehend aus Nennwert und Toleranz) spezifiziert werden. In **Abbildung 3-1** sind die wesentlichen Einflußgrößen dargestellt, die zu Schwankungen in der Prozesskette Karosseriebau führen.
Die zu erfüllenden Anforderungen an die Karosserie kommen beispielsweise aus den Bereichen Fahrzeugsicherheit, Aerodynamik, Akustik, Funktion (Dichtheit, Anforderungen nachfolgender Fertigungsschritte, etc.) oder Design.
Im Rahmen der Qualitätssicherung kann eine beinahe beliebige Anzahl von geometrischen Merkmalswerten (Koordinaten) erfasst werden, von denen aber nur ein Teil zur Erfüllung der Anforderungen an die Karosserie wichtig sind. Diese Maße werden als Funktionsmaße bezeichnet.

Die Festlegung und das Prüfen der Forderung ist insbesondere bei Teilen, die sich im „freien Zustand bis zu einem Ausmaß verformen, dass sie außerhalb der in der Zeichnung eingetragenen Maß- und/ oder Form- und Lagetoleranzen liegen“, (DIN ISO 10579) nicht trivial. Entsprechend DIN ISO 10579 werden diese als nicht-formstabile Bauteile bezeichnet. Die Bedingungen, unter denen die Forderungen zu erfüllen sind, sind (Richtung der Schwerkraft, Aufnahmebedingungen etc.) in der Zeichnung zu dokumentieren.

Die Prozesskette Karosseriebau umfasst die Herstellung der Einzelteile aus Halbzeug mittels Ur- und Umformverfahren, das Fügen der Einzelteile zur Karosserie und den Lackprozess. Begleitet werden die einzelnen Fertigungsschritte im Rahmen der Qualitätsermittlung durch diverse Prüfverfahren. In den folgenden Abschnitten wird auf die Prozessbausteine *Herstellungsprozess Einzelteil*, *Fügeprozess Karosseriebau* und *Erfassung der realisierten Beschaffenheit* der Prozesskette Karosseriebau eingegangen.

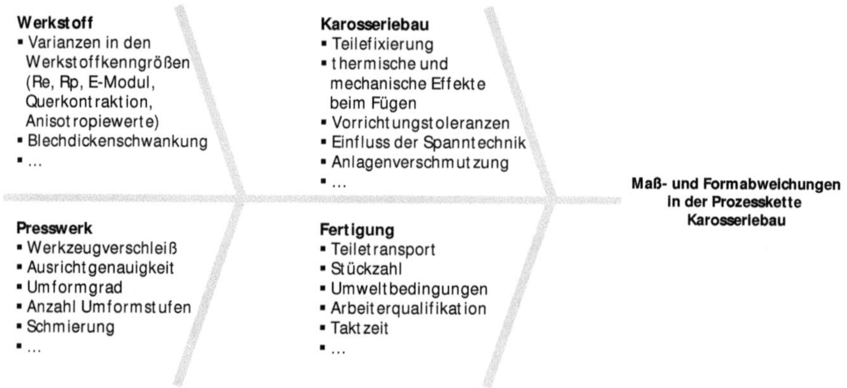

Abbildung 3-1 Einflüsse auf die Maßhaltigkeit der Karosserie (in Anlehnung an /MEYER.12/)

3.1.1 Herstellungsprozess Einzelteile

Eine Übersicht der Fertigungsverfahren ist durch die DIN 8580 gegeben. Im Automobilbau wird zur Herstellung der Karosserieeinzelteile vor allem Zugdruckumformen und Gusstechnik eingesetzt.

Die im Rahmen dieser Arbeit betrachteten Einzelteilgeometrien entstehen durch stufenweises Umformen von Flacherzeugnissen aus Legierungen. Das Material wird dabei als Halbzeug im Allgemeinen in Form von Coils angeliefert, welche durch Walzen aus Brammen hergestellt werden (**Abbildung 3-2**). Durch den Walzvorgang wird die Kristallstruktur verändert, wodurch der Werkstoff längs der Walzrichtung andere mechanische Eigenschaften aufweist als quer dazu (Anisotropie). Auch Schwankungen der Walzbedingungen führen zu unterschiedlichen mechanischen Eigenschaften von Blechen und das nicht nur bei Blechen verschiedener Chargen sondern auch innerhalb eines Fertigungsloses. [vgl. u.a. /HORNBOGEN et al.01/, /FRITZ et al.06/] Die Anforderungen an die mechanischen Eigenschaften der verschiedenen gewalzten

Werkstoffe sind im Rahmen der technischen Lieferbedingungen durch diverse Normen geregelt (z.B. DIN EN 10130 für weiche Stähle DC... oder DIN EN 10338 für Dualphasenstähle HCT...X). Mittels Schneidewerkzeugen werden die Coils im Weiteren Prozess zu Blechplatinen zugeschnitten, welche nachfolgend durch Umformwerkzeuge stufenweise in ihre gewünschte Form gebracht werden.

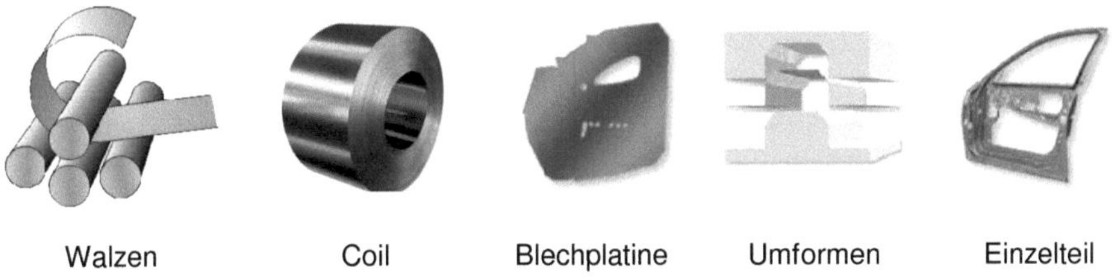

Abbildung 3-2 Prozesskette Herstellung Einzelteil

In der ersten Stufe des Umformprozesses erfolgt sehr häufig das Tiefziehen des Bleches, im Rahmen dessen die Grobform des Einzelteils ausgebildet wird. Das Tiefziehen gehört zu den Zugdruckumformverfahren, welche in der DIN 8584 definiert sind. Die Verformung des Halbzeugs erfolgt durch ein Tiefziehwerkzeug, das im Allgemeinen aus den drei Elementen Stempel, Matrize und Niederhalter besteht.

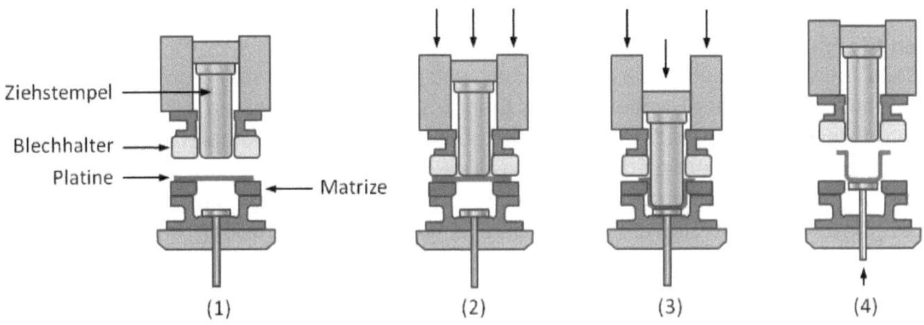

Abbildung 3-3 Prozessprinzip des Tiefziehens am Beispiel eines doppeltwirkenden Werkzeuges (eigene Darstellung nach /SCHULER.96/)

Die Platine wird in das Werkzeug (**Abbildung 3-3**) eingelegt (1) und durch den Niederhalter fixiert (2). Nach dem Schließen des Werkzeuges taucht der Stempel in den unteren Teil des Werkzeuges ein und zwingt das Material, in den zwischen Stempel und Matrize gebildeten Ziehspalt zu fließen (3). Das Nachfließen des Werkstoffs aus dem Randbereich wird dabei über die Niederhalterkraft gesteuert. Durch die Kraft, die zur Umformung in das Blech eingeleitet wird, bildet sich im Inneren des Werkstücks ein Spannungszustand aus. Um eine plastische Verformung des Werkstückes zu erreichen, muss die Spannung größer als die kritische Schubspannung des Werkstoffes sein. Beim Öffnen des Werkzeuges wird ein Teil der Spannungen durch Rückfederung des

Einzelteils wieder abgebaut; der Rest verbleibt als Eigenspannung im Teil (**Abbildung 3-4**).
Die Konstruktion der Umformwerkzeuge wird heute standardisiert durch die Simulation des Umformprozesses mittels FEM unterstützt. Die Programme sind in der Lage, für konventionelle Blechwerkstoffe Riss- und Faltenbildung sowie Blechdicken- und Formänderungsverteilung zuverlässig vorherzusagen. Probleme bereitet noch die Simulation der Rückfederung, insbesondere bei den Stählen mit höherer Festigkeit. [siehe auch /ROLL et al.04/]

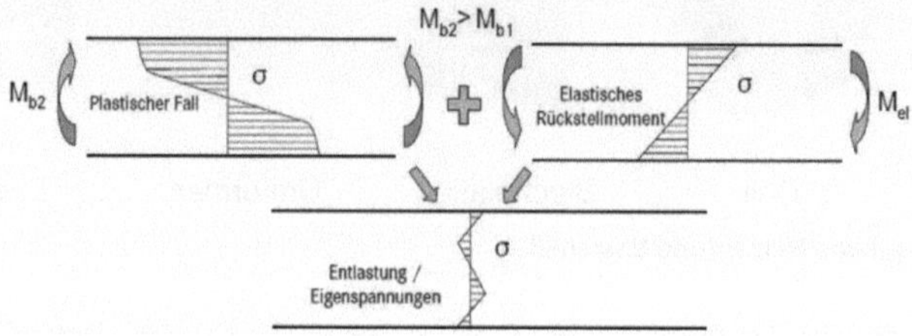

Abbildung 3-4 Eigenspannung nach Umformung im Blech

Als Abschluss des Tiefziehprozesses wird das Blech aus dem Werkzeug entnommen (4) und der nächsten Stufe des Umformprozesses zugeführt. Folgeoperationen können beispielsweise Beschneiden, Nachformen, Lochen oder Abkanten sein.

Quellen für Formabweichungen
Einzelteile, deren Geometrie der Nenngestalt entsprechen, sind sehr aufwändig und damit kostenintensiv in der Herstellung und meistens nicht erreichbar, da das Fließ- und Rücksprungverhalten während des Umformprozesses sehr schwer vorherzusagen ist.
Die mittleren Abweichungen der Einzelteile einer Charge sind im Allgemeinen normalverteilt, unabhängig von Geometrie und Werkstoffparametern. Trotzdem lassen sich bei konventionellen Tiefziehstählen Unterschiede in der Verteilung der mittleren Abweichungen zwischen starren Teilen mit einfacher Geometrie und elastischen Teilen mit komplexer Geometrie beobachten: die mittleren Abweichungen einfacher, starrer Teile sind in einem engeren Bereich um den Nennwert verteilt als bei nicht-eigenstabilen Einzelteilen (**Abbildung 3-5**). /ASP.99.1/

Der Umformprozess stellt bei den in jüngster Zeit vermehrt zum Einsatz kommenden hochfesten Stählen und Leichtmetallen aufgrund der erhöhten Rückfederungswerte eine noch größere Herausforderung dar. E-Modul und Dehngrenze bestimmen die Rückfederung in wesentlichem Maß; während das E-Modul hochfester Stähle vergleichbar mit dem konventioneller Stähle ist, ist die Dehngrenze bei hochfesten Stählen aber deutlich höher. Dies zieht erhöhte Rückfederungswerte nach sich, welche zu einer größeren Ungenauigkeit der Umformsimulation führen, wodurch der Optimierungsaufwand am realen Werkzeug steigt. Des Weiteren weisen höherfeste Stähle ein anderes Reiß- und Faltenverhalten auf. Während sich bei weichen Stählen Falten während des Umformprozesses meist kontrolliert herausziehen lassen, verhindert eine zu starke Verfestigung bei höherfesten Stählen das Herausziehen von Falten. /SCHMIDT-JUERGENSEN.02/

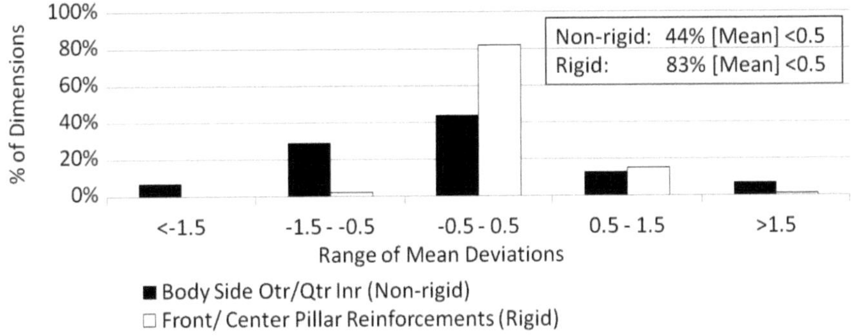

Abbildung 3-5 Verteilung der mittleren Abweichungen bei starren und bei nicht-eigenstabilen Einzelteilen /ASP.99.1/

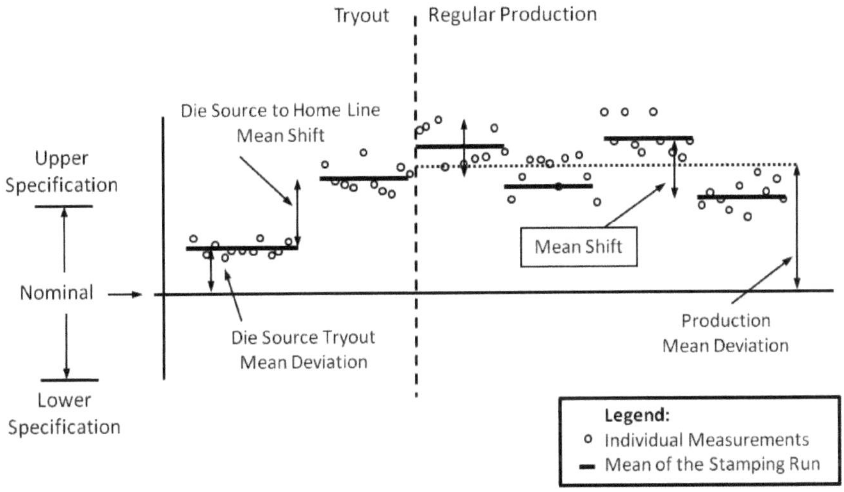

Abbildung 3-6 Schwankungen Einzelteil /ASP.99.1/

Zu den rückfederungsbedingten Formabweichungen kommen noch prozessbedingte Streuungen hinzu, die durch Schwankungen im Umformprozess sowie durch Chargenwechsel verursacht werden (**Abbildung 3-6**). Die Stabilität des Umformprozesses hängt in entscheidendem Maße von der Einzelteilgeometrie ab. Liegen die Umformgrade stellenweise nahe der Grenzänderungsformkurve, können schon geringe Streuungen der Prozessparameter zu Ausschussproduktion führen.

Wichtige Einflussgrößen im Umformprozess sind beispielsweise Umformkraft und -geschwindigkeit, Ziehöl, Beölungsbild, Temperatur und Niederhalterkraft. Auch Unterschiede in den Werkstoffeigenschaften des Halbzeugs (resultierend aus produktionsbedingten Schwankungen in der Schmelze, im Gieß- und Walzprozess, bei der Abkühlung, usw., siehe auch 3.1), stellen eine Störgröße dar. Die Toleranzen für Werkstoffeigenschaften wie Streckgrenze, Zugfestigkeit, etc. sind entsprechend der Rohmaterialform (Halbzeug) in Europäischen Normen definiert. Trotzdem können auch Schwankungen der Coils innerhalb der Toleranzgrenzen Parameteranpassungen im Umformprozess notwendig machen, um eine ausreichende Einzelteilqualität zu erzielen. Es ist festzustellen, dass bei steigender Werkstofffestigkeit höhere Streuungen der 0,2%- Dehngrenze $R_{p0.2}$ zulässig sind. Größere Streuungen der $R_{p0.2}$-Grenze bedeuten bei gleicher Umformung größere Schwankungen der elastischen Dehnung $\Delta\varepsilon_{el}$. Daher tritt bei höherfesten Stählen neben den bereits angesprochenen größeren Rückfederungswerten auch noch eine größere Streuung der Rückfederung auf (**Abbildung 3-7**). [/WENSAUER. 09/, /MEYER.12/]

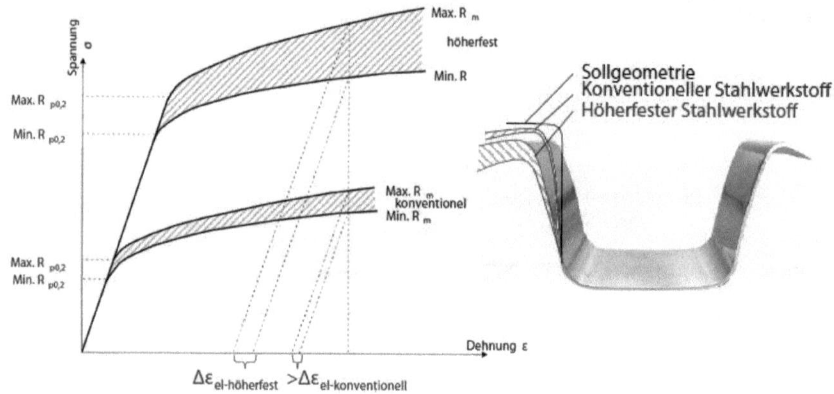

Abbildung 3-7 Spannungs-Dehnungs-Diagramm eines konventionellen und eines höherfesten Stahles /MEYER.12/

Werkzeugoptimierung

Da die Hersteller von Einzelteilen im Allgemeinen die Produktion von Teilen mit Nenngestalt anstreben, werden im Rahmen des Analyseprozesses vielfach Optimierungen an den Werkzeugen definiert und vorgenommen. Die Überarbeitung von Tiefziehwerkzeugen ist ein iterativer, kostenintensiver und sehr zeitaufwändiger Vorgang. Durch Aufschweißen bzw. Abschleifen von Stempel und Matrize und anschließenden Probeabpressungen werden Abweichungen der Teilegeometrie systematisch reduziert. Aufgrund der Komplexität des Umformprozesses ist es dennoch häufig nicht möglich, alle Abweichungen zu korrigieren. Es kann im Rahmen einer Korrekturmaßnahme sogar zu einer Verschlechterung des Einzelteils kommen. Zudem nimmt gemäß den Erfahrungen von Werkzeug-Herstellern durch häufiges Überarbeiten die Prozessstabilität der Werkzeuge ab. /ASP.99.1/

Die Korrektur von Einzelteilen, und damit eine Überarbeitung der entsprechenden Werkzeuge, ist also eine Entscheidung, die sehr gewissenhaft geprüft werden sollte. Es gibt unterschiedliche Philosophien zur Akzeptanz von Einzelteilgeometrien, welche in Kapitel 3.2 vorgestellt werden.

Wechsel von der Einarbeitungspresse auf die Serienpresse
Ein signifikanter Meilenstein in der Vorserien-/ Anlaufphase ist der Wechsel der Serienwerkzeuge von den Einarbeitungs- auf die Serienpressen. Aufgrund der geometrischen Komplexität aktueller Karosserieeinzelteile ist die direkte Herstellung von fehlerfreien Teilen kaum möglich. Die ersten Pressteile weisen darum im Allgemeinen Risse, Falten oder andere Fehler auf. Neue Werkzeuge werden daher zunächst auf einer Einarbeitungspresse (Try-Out-Presse) nachgearbeitet und Maschineneinstellungen (Presskraft, Ziehkissenkraft, Stößelkissenkraft) variieren, bis die Blechteile fehlerfrei hergestellt werden können. /KRIMM.03/
Beim Wechsel der Presse kommt es, obwohl die Werkzeuge gleichbleiben und die Prozessparameter eins zu eins übertragen werden, immer zu Veränderungen der Teilegeometrie und erneut zu Fehlern. Der Grund für diese Veränderungen liegt im unterschiedlichen Maschinenverhalten der Pressen. Im Rahmen der Studie von A/S P wurde ermittelt, dass sich bei einem Pressenwechsel 25 bis 30% der Maße um mehr als 0.5 mm verschieben (**Abbildung 3-8**). [/ASP.99.1/, /KRIMM.03/]

	% of Dimensions		
Company	Shift in Mean>0.5 mm Die Source to Home Line	Die Source Tryout [Mean]>0.5 mm	Home Line Tryout [Mean]>0.5 mm
B	34%	33%	45%
C	23%	30%	31%
F	25%	25%	15%

Abbildung 3-8 Veränderung der Mittelwerte von Messpunkten beim Wechsel der Presse

3.1.2 Fügeprozess Karosseriebau

Im Karosseriebau werden die Einzelteile im Anschluss an die Einzelteilherstellung zunächst zu Baugruppen und im Weiteren zur kompletten Karosserie gefügt.

Beim Fügen der Einzelteile kommen Karosseriebauvorrichtungen zum Einsatz (**Abbildung 3-9**, mitte), mittels derer die Einzelteile zueinander wiederholgenau und prozesssicher positioniert und fixiert werden. Die Vorrichtungen bestehen im Allgemeinen aus Zentrierbolzen, Auflagern, Einweisern und Spannelementen.
Durch Abweichungen und Streuungen aus den Einzelteilen und Streuungen bei der Positionierung der Teile in der Karosseriebauvorrichtung ergeben sich variable Bedingungen im Bereich der Fügestellen, die sich hauptsächlich in Form schwankender Spaltverläufe zwischen den Einzelteilen und differierender Kantenversätze der Fügeflansche äußern.

Die Karosseriebauvorrichtungen müssen so konzipiert sein, dass trotz der Streuungen möglichst konstante Bedingungen im Bereich der Fügestelle erreicht werden. Dennoch müssen die eingesetzten Fügetechnologien gegenüber zugelassenen geometrischen Streuungen robust genug sein, um ungeachtet der verschiedenen Ausgangsbedingungen der Fügung eine konstante Qualität der Verbindung zu gewährleisten (**Abbildung 3-10**). [vgl. Kapitel 2.2 und /MEYER.12/]

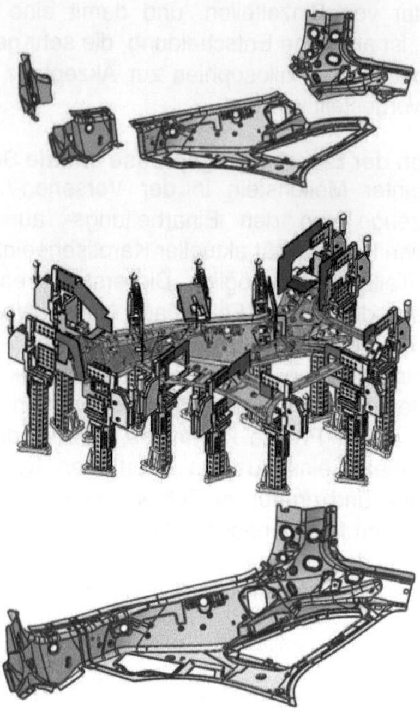

Abbildung 3-9 Prozesskette Karosseriebau

Die differierenden Spaltverläufe zwischen den Fügeflanschen der Einzelteile verursachen nach dem Fügen einen geometrischen Verzug in der Baugruppe, da die Einzelteile durch die Verbindungstechnologie im Bereich der Fügestelle auf Kontakt gezwungen werden. Zusätzlich verursacht die eingesetzte Verbindungstechnologie häufig ebenfalls einen Verzug der Baugruppe. Bei thermischen Verfahren ist dafür der lokale Wärmeeintrag verantwortlich, bei mechanischen Fügeverfahren die eingeleiteten Umformkräfte. Nach Wegnahme des Fügewerkzeuges und Öffnen der Karosseriebauvorrichtung springt die Baugruppe in eine bestimmte Position zurück. Ein Teil der durch die Karosseriebauvorrichtung und den Fügeprozess in die Einzelteile eingebrachten Kräfte (Lagerreaktion) wird durch das Fügen aber eingefroren und verbleibt als Spannung in der Baugruppe.

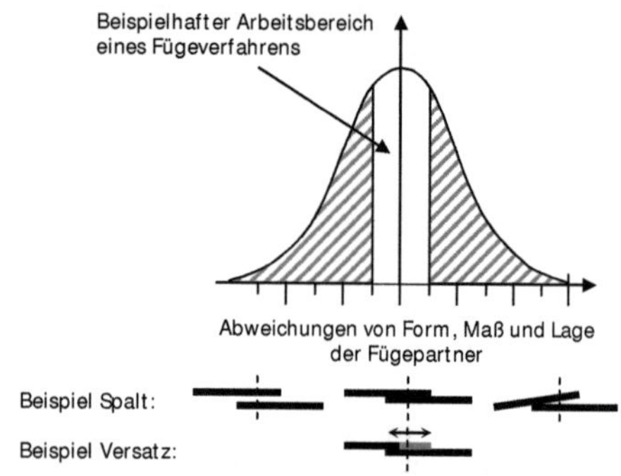

Abbildung 3-10 Beispielhafte Darstellung des Arbeitsbereiches eines Fügeverfahrens und variable Bedingungen an der Fügestelle /MEYER.12/

Die Karosseriebauvorrichtungen sind so konzipiert, dass die Bolzen, Auflager und Spannelemente, die zur Positionierung der Einzelteile dienen, mittels Abstimmplatten (**Abbildung 3-11**) in 0.1 mm Schritten in Hauptachsenrichtung einstellbar sind (**Abbildung 3-12**). Die Einstellung der Vorrichtungen im Karosseriebau ist notwendig, um Abweichungen der Einzelteile und Prozesseinflüsse durch die Fügetechnologie zu kompensieren. Die Abstimmung der Vorrichtungen auf die real vorhandenen

Einzelteilgeometrien und die Prozesseinflüsse ist eine zentrale Herausforderung im Fahrzeuganlauf. Auf mögliche Vorgehensweisen wird in Kapitel 3.2 detailliert eingegangen.

Abbildung 3-11 Abstimmplatte (Shim)

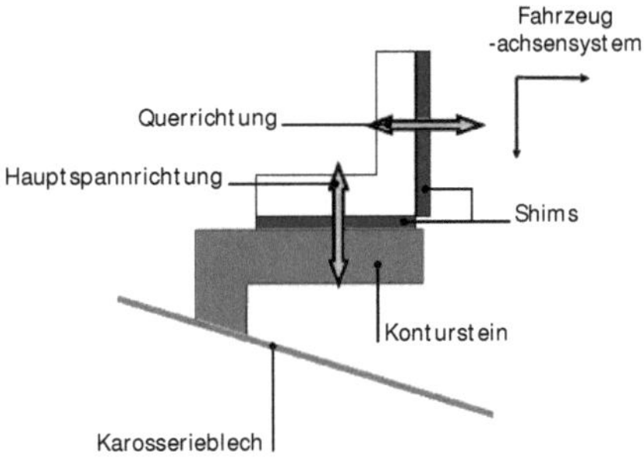

Abbildung 3-12 Abstimmmöglichkeit einer Spanneinheit

Relation zwischen Einzelteil- und Baugruppengeometrie

Teile mit idealer Steifigkeit deren Geometrien zudem nicht durch den Fügeprozess beeinflusst werden, sind im realen Karosseriebau praktisch nicht gegeben. Viele Blechteile sind nachgiebig und werden während des Fügens durch mechanische und/ oder thermische Einflüsse deformiert. Die Annahme, dass ein linearer, additiver Zusammenhang zwischen den Formabweichungen der Einzelteile und denen des Zusammenbaus besteht, trifft bei diesen Teilen nicht mehr zu. Des Weiteren hat die Messvorrichtung oftmals einen erheblichen Einfluss darauf, wie die Geometrie eines Einzelteils erfasst und damit wahrgenommen wird. Die beschriebenen Einflussfaktoren tragen dazu bei, dass zwischen den Geometrien der Einzelteile und der Geometrie der gefügten Baugruppe häufig auf den ersten Blick nur eine schwache Relation besteht.

Das Verhalten eines Einzelteils ist dabei zum einen abhängig vom Material, der Materialstärke und der Geometrie und zum anderen vom Fügepartner, der verwendeten Fügetechnologie und der Karosseriebauvorrichtung. In der Veröffentlichung von A/S P zu Functional Build (/ASP.99.1/) wird eine Differenzierung der Einzelteile in drei Kategorien vorgenommen:

- einfache Geometrie/ stabil
- Standard (komplexe Geometrie/ stabil oder nicht-eigenstabiles Strukturbauteil)
- nicht-eigenstabile Außenhautteile

Daraus abgeleitet lassen sich verschiedene Fügekonstellationen unterscheiden (vgl. /BARON et al.97/):

- ein elastisches Einzelteil wird sich über den Fügeprozess einem starren Einzelteil geometrisch anpassen
- beim Fügen zweier elastischer Einzelteile wird die resultierende Geometrie sehr stark durch die Vorrichtung und die Fügetechnologie bestimmt
- werden zwei starre Einzelteile gefügt, ist, abhängig von den E-Moduln, eine gemittelte Baugruppengeometrie zu erwarten. Der Einfluss der Vorrichtung ist bei diesen Teilen sehr beschränkt.

Am Institut für Automotive Transportation der University of Michigan wurde eine Studie durchgeführt, die die oben beschriebene Aufteilung bestätigt. Die Darstellung der Versuche und deren Ergebnisse können in der Veröffentlichung /BARON et al.97/ nachgelesen werden. Eine strikte Abgrenzung dieser Fügekonstellationen kann natürlich nicht vorgenommen werden; in der Praxis wird es zu fließenden Überlagerungen der beschriebenen Effekte auch innerhalb einer einzelnen Baugruppe kommen.

3.1.3 Erfassung der realisierten Beschaffenheit

Ein oftmals weniger beachtetes Problem ist die messtechnische Erfassung der Einzelteilgeometrie. Wie bereits in Kapitel 2.1 angesprochen, stellt die Lagerung insbesondere nicht-eigenstabiler Einzelteile während der Messung ein nicht triviales Problem dar. In der Praxis werden diese Teile in der Regel über die sechs Freiheitsgrade hinaus durch zusätzliche Spannstellen (Nebenspannstellen, normalerweise an Positionen, an denen später gefügt wird) fixiert. Die Teile sind damit überbestimmt gelagert und die Einzelteilgeometrie wird durch die Position der Spanner festgelegt. Im Allgemeinen werden die Nebenspannstellen auf den Sollwert gemäß CAD-Datensatz eingemessen (**Abbildung 3-13** Position 1, Nominalwert), wodurch die eigentliche Geometrie unter Umständen verspannt und damit manipuliert wird.
Uwe Muck hat sich in seiner Dissertation „Entwicklung eines Verfahrens zur Messung von Rückfederungskräften an Karosserie Einzelteilen“ /MUCK.97/ mit diesem Thema auseinandergesetzt. Die von ihm entwickelte Methode ermöglicht es zum einen, die aufgefederte Geometrie unter Einfluss der Gewichtskraft (Abbildung 3-13 Position 2) prozesssicher und wiederholgenau zu messen und zum anderen die Kraft zu ermitteln, die notwendig ist, um das Einzelteil an dieser Position auf seinen Nominalwert zu spannen (Rückfederungskraft). Die Spannkraft gibt einen Anhaltspunkt dafür, welche Spannungen in das Einzelteil eingebracht werden, wenn dieses beim Fügen auf den Nominalwert gebracht wird. Die Kraft ist nicht nur abhängig von der Einzelteilabweichung an der Messstelle, sondern auch von der Einzelteilgeometrie und dem verwendeten Werkstoff.

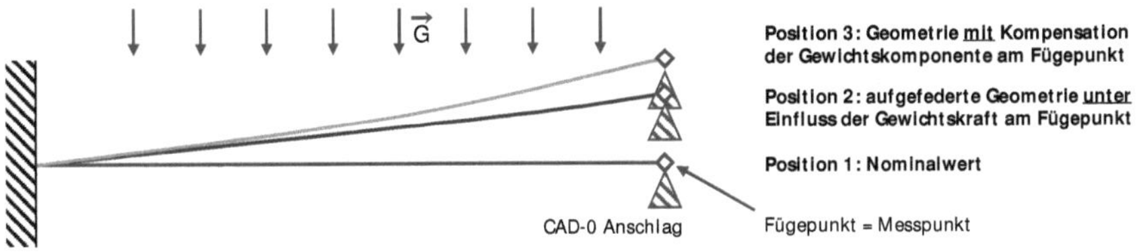

Abbildung 3-13 Messung des spannungsarmen Zustandes

Möchte man die Einzelteile allerdings möglichst ohne Einbringung zusätzlicher Spannungen verbauen, so ist die Einzelteilgeometrie unter Kompensation der Gewichtskomponente am Fügepunkt (Abbildung 3-13 Position 3) die eigentlich interessante. Diese Position ist allerdings nicht bekannt. Während sich Position 1 durch die CAD-Koordinate bestimmen lässt und an Position 2 ein Kraftaufnehmer 0 N anzeigt, ist Position 3 nur dadurch zu bestimmen, dass ein Kraftaufnehmer an dieser Stelle die spezielle Eigengewichtskomponente des Einzelteils anzeigt. Diese Eigengewichtskomponente lässt sich mit einer FEA ermitteln. Allerdings existiert heute noch kein Verfahren, das es ermöglicht, Einzelteilgeometrien in diesem Zustand minimaler Spannung zu erfassen.

Nach aktuellem Stand der Technik liegt es also nicht unbedingt am Werkzeug, ob ein Messpunkt innerhalb oder außerhalb der Toleranz liegt, sondern vielleicht an der Messaufnahme, welche die eigentliche Geometrie unter Umständen verspannt und damit manipuliert.

3.2 Methoden zur Erreichung der produktbezogenen Qualitätsziele im Fahrzeuganlauf in der Prozesskette Karosseriebau

In der Literatur werden grundsätzlich verschiedene Strategien zum Erreichen der produktbezogenen Qualitätsziele in der Vorserienphase unterschieden, die nachfolgend detailliert beschrieben werden:

Der klassische Ansatz wird als Net Build (NB) oder auch Verfahren der ‚sequentiellen Validierung' bezeichnet. Der Kern dieses Ansatzes liegt in der Erfüllung der vorgegebenen Qualitätskriterien nach jedem einzelnen Prozessschritt der Produktionskette. /GERTH.05.1/
Mit der Functional Build (FB) Philosophie rücken hingegen die für den Kunden relevanten Qualitätsmerkmale und vor allem die Stabilität der Umform- und Fügeprozesse in den Fokus. Abweichungen in den Einzelteilen und Baugruppen können demnach bis zu einem gewissen Grad toleriert werden – solange die festgelegten Qualitätskriterien des Endproduktes erreicht werden. [/GERTH.05.1/, /ASP.99.1/, /VASILASH.00/]
Bei der Methode Virtual Functional Build (VFB) soll auf Basis von optisch vermessenen Einzelteilen die Qualität der daraus entstehenden Baugruppe vorhergesagt werden. Dabei werden allerdings weder Materialverhalten noch Prozesseinflüsse berücksichtigt.
Die Integrated Build (IB) Philosophie sieht von Beginn des Produktprozesses an eine enge Verzahnung von Produktion und Entwicklung vor. Demnach soll frühzeitig ein Prototyp aufgebaut werden, um Erkenntnisse aus dem Fertigungsprozess in der frühen Phase Produktentwicklung mit einfließen lassen zu können.

3.2.1 Net Build (NB) – ‚Sequentielle Validierung'

Der Net Build Ansatz stellt die klassische Vorgehensweise in der Konstruktion, in der Einzelteilherstellung und im Karosseriebauprozess dar. In der Konstruktion wird die Nenn-Geometrie der einzelnen Einzelteile entworfen und mit einer Toleranzspezifikation versehen. Bei der Herstellung der Einzelteile und beim Fügen dieser ist darauf zu achten, dass die Toleranzvorgaben jederzeit zu 100% erfüllt werden. Daraus folgt eine sequentielle Prozessvalidierung durch Kontrolle der einzelnen c_p und c_{pk} Werte (**Abbildung 3-14**). Hinter diesem Vorgehen steckt die Annahme, dass alle Teile eine ideale Steifigkeit besitzen und durch den Fügeprozess nicht beeinflusst werden, also eine unabhängige Betrachtung von Konstruktion und Fügeprozess. [/GERTH.05.1/, /ASP.99.1/, /BARON.03/]
Der Toleranzanalyse und –synthese wird demnach die arithmetische Toleranzrechnung (auch Worst-Case-Analyse) zugrunde gelegt. Die arithmetische Schließmaßtoleranz T_{a_S} berechnet sich mit dieser Methode bei einer Maßkette mit k Gliedern aus der Summe der Einzeltoleranzen: /PRAUN.03/

$$T_{a_S} = \sum_{i=1}^{k} t_{a_i} \qquad (3.1)$$

Daraus folgt, dass bei Einhaltung der Einzelteiltoleranzen der Zusammenbau die gewünschte Qualität erreicht. Eine Steigerung der Produktqualität wird durch eine Einschränkung der Einzelteiltoleranzen bewirkt. [/GERTH.05.1/, /ASP.99.1/, /BARON.03/]

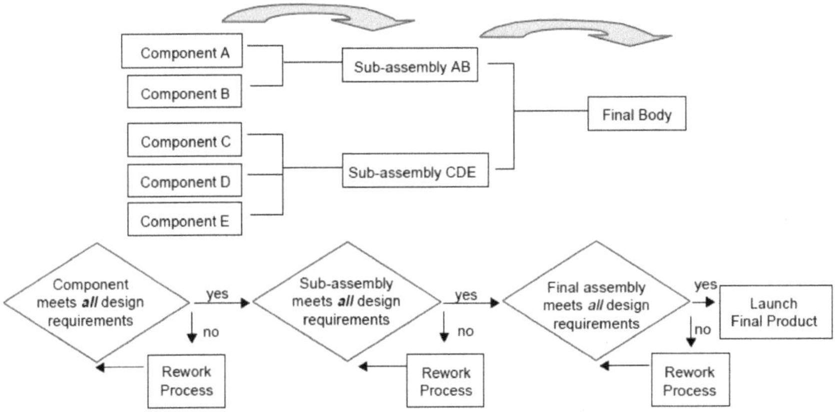

Abbildung 3-14 Net Build – Prinzip der Sequentiellen Validierung [vgl. /ASP.99.1/]

3.2.2 Functional Build (FB)

Functional Build ist eine alternative Methode zum Net Build und wurde erstmals von Jay Baron in dessen Dissertation ‚Dimensional Analysis and Process Control of Body-in-White Processes' 1992 erwähnt und in den darauffolgenden Jahren federführend am Center for Automotive Research (CAR Group) und von Auto/Steel Partnership (A/S P) in Michigan weiterentwickelt.

Die Ergebnisse einer Studie von A/S P, in der 500 Messpunkte auf Karosserieteilen gemäß der NB-Philosophie betrachtet wurden, machen den Handlungsbedarf und den Grundgedanken der hinter FB steht deutlich (**Abbildung 3-15**). Von 500 Messpunkten haben 45% die vorgegebenen c_{pk}-Werte nicht erreicht. Von diesen 45% haben gemäß der Studie allerdings 90% keine Probleme in den nachfolgenden Prozessschritten verursacht; lediglich 10% der maßlichen Abweichungen zogen Probleme beim Aufbau nach sich. Andererseits traten 40 Probleme auf, die über die Betrachtung der c_{pk}-Werte nicht identifiziert werden konnten. Nach der NB-Philosophie wäre mit hohem monetären und zeitlichen Aufwand versucht worden, die 45% abweichenden Maße über Einzelteilanpassungen in die Toleranzgrenzen zu korrigieren, obwohl letztlich lediglich 10% dieser Punkte für den weiteren Prozess kritisch waren. Die 40 anderen Probleme wären trotzdem aufgetreten. [vgl. /GERTH.05.1/, /ASP.99.1/, /BARON.03/]

Die Analyse eines Fahrzeuganlaufes eines PKW-Herstellers hat ergeben, dass die Ursache von 70% der schwerwiegenden Maßhaltigkeitsprobleme in der Karosse in Verbindung mit der Vorrichtung im Karosseriebau stand. Die wesentlichen Gründe für diesen Sachverhalt liegen in folgender Erkenntnis begründet, welche der NB-Methode entgegenstehen: [vgl. /GERTH.05.1/, /ASP.99.1/]

- Verformung durch den Schweißprozess
- Einfluss der Karosseriebauvorrichtung
- Wechselwirkung mit dem Fügepartner
- fehlerhafte Beeinflussung durch die Messvorrichtung

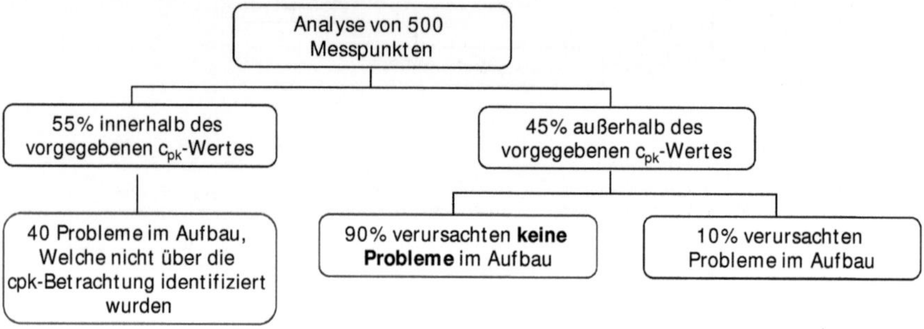

Abbildung 3-15 Studie zu Functional Build [vgl. /GERTH.05.2/]

Vorgehensweise Functional Build

Die Akzeptanz der Einzelkomponenten erfolgt mit FB im Gegensatz zu NB nicht mehr auf der isolierten Bewertung nach c_p und c_{pk} Werten. Im Fokus stehen hier die für den Kunden wesentlichen Qualitätskriterien. Für ihn ist es weniger relevant, ob die Einzelteile in allen Bereichen der Nenngeometrie entsprechen, sondern ob das fertige Fahrzeug bzw. die lackierte Karosserie nach ästhetischen und funktionellen Kriterien seinen Ansprüchen genügt.

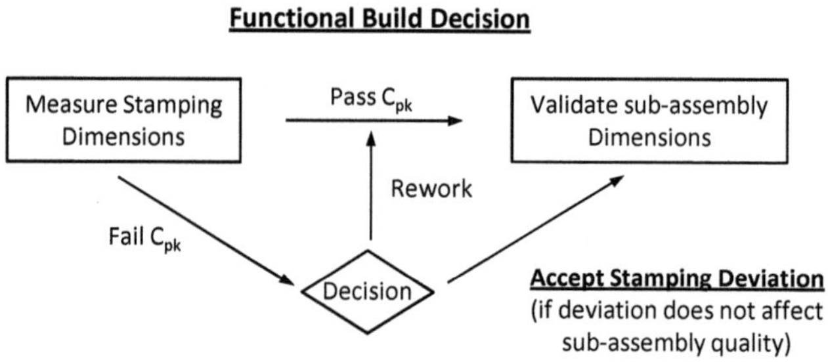

Abbildung 3-16 Funktionsweise Functional Build

Die Akzeptanz der Einzelteile erfolgt also funktionsorientiert auf Basis der Bewertung des Zusammenbaus: Wenn dieser die Qualitätskriterien erfüllt, werden die Einzelkomponenten akzeptiert, zunächst unabhängig davon, ob diese die vorgegebenen

Toleranzkriterien erfüllen oder nicht (**Abbildung 3-16**). [/GERTH.05.1/, /ASP.99.1/, /BARON.03/]

Die Vorgehensweise bei FB ist wie folgt: Die Grundvoraussetzung ist die Prozessstabilität der Einzelteilherstellung. Ist die Stabilität des Herstellungsprozesses nachgewiesen (*siehe Kapitel 2.3, Prozessstabilität*), wird geprüft, ob die Einzelteile mit den gemessenen Mittelwerten gefügt werden können. Ist dies der Fall sollten auch Abweichungen der Mittelwerte jenseits der Toleranzgrenzen akzeptiert und die Konstruktion dem Einzelteilstand angepasst werden. Ist der Zusammenbau ungenügend, gibt es grundsätzlich folgende Optionen: [vgl. /GERTH.05.1/, /ASP.99.1/]

- Werkzeugänderung von einem oder mehreren Einzelteilen
- Änderungen im Fügeprozess, insbesondere an der Karosseriebauvorrichtung
- konstruktive Änderung von einem oder mehreren Teilen
- eine Kombination aus diesen

Bei der Bewertung der Einzelteilgeometrien muss zwischen eigenstabilen und labilen Einzelteilen unterschieden werden. Einfache, stabile Einzelteile haben normalerweise eine geringere Streubreite der Mittelwerte als Einzelteile mit einer geringen Biegesteifigkeit. Bei labilen Einzelteilen hängt das Messergebnis, wie bereits angesprochen, zudem stark von der Lagerung des Objektes während der Messung ab *(siehe Kapitel Messung)*. Die Entscheidung zur Korrektur von Einzelteilen und einer damit einhergehenden Werkzeugänderung wird damit auf Basis von Messberichten gefällt, bei denen das Messobjekt, und damit das Messergebnis lokal durch die Messvorrichtung verfälscht werden.

Beim „reinen“ FB Ansatz müssen die Einzelkomponenten keine Toleranzgrenzen einhalten. Die Bewertung der Einzelteile durch den Hersteller erfolgt „top-down“, also ausgehend von der kompletten Karosserie. Die Überprüfung der Einzelteile auf Verbaubarkeit ist derzeit eng mit einem sogenannten „screw-body process“ verbunden, der seinen Ursprung in den frühen 1960er Jahren hat. Dabei werden Einzelteile an den Kontaktstellen durch Schrauben verbunden, um die Auswirkungen von Einzelteilabweichungen in der Baugruppe beurteilen zu können und dadurch die Entscheidung bezüglich einer möglichen Werkzeugänderung zu treffen. Der Zeitraum zwischen der Abpressung der Einzelteile und deren Bewertung durch die screw-bodies (und damit der Entscheidung zwischen Werkzeugänderung und/ oder Änderungsmaßnahmen im Fügeprozess) geht zu Lasten der Zeit, die bei den „herkömmlichen“ Projektplänen bereits für die Umsetzung dieser Änderungsmaßnahmen genutzt wird. Dies ist ein wesentlicher Grund, warum das reine Functional Build bei den Herstellern auf Bedenken stößt. /ASP.99.1/

Bei der Entwicklung vom Net Build zum reinen Functional Build Vorgehen ist noch eine Zwischenstufe, das sogenannte Event-Based Functional Build, bekannt. Dabei ist im ersten Schritt das Ziel, die reale Einzelteilgeometrie im Toleranzbereich der

Nenngeometrie zu fertigen, bevor im zweiten Schritt die Bewertung gemäß FB erfolgt. /ASP.99.1/

3.2.3 Virtual Functional Build (VFB)

Eine konsequente Weiterentwicklung von Functional Build ist der Virtual Functional Build Ansatz, welcher 2005 auf dem ASME International Mechanical Engineering Congress and Exposition in Florida (Orlando, USA) von Richard Gerth (CAR Group) vorgestellt wurde. Dabei werden die Einzelteile im ersten Schritt mittels optischer Messtechnik digitalisiert. Die Art und Weise, wie das Einzelteil während der Messung gelagert wird, ist von zentraler Bedeutung, da sich durch die Fixierung des Einzelteils praktisch ein beliebiges Messergebnis „herstellen" lässt (siehe Kapitel 3.1.3). Im nächsten Schritt werden aus den optischen Messdaten die Ausrichtelemente extrahiert, mittels derer die Einzelteile entsprechend ihres Verbauortes im Fahrzeugnetz zum CAD-Modell positioniert werden. Im abschließenden Analyseschritt wird das virtuelle Fahrzeugmodell auf Durchdringungen und Spalten hin untersucht sowie die Funktionsmaße geprüft. /GERTH.05.1/

Zur Validierung des Ansatzes wurde ein praktischer Versuch mit dem Karosseriemodul Vorderbau durchgeführt. Dieses besteht im Beispiel aus fünf Baugruppen: Längsträger links/ rechts, Stirnwand, Wasserkasten und Stossfänger. Die einzelnen Baugruppen wurden alle als eigenstabil klassifiziert und dementsprechend zum Messen keine eigene Aufnahme verwendet. Die optischen Messdaten (eine Punktewolke) wurden mit der Software Polyworks zu *.stl Dateien verarbeitet und im nächsten Schritt über die Ausrichtelemente zueinander positioniert. Auch die Inspektion des virtuellen Modells wurde mit Polyworks durchgeführt. Parallel zum virtuellen Modell ist auch eine reale Baugruppe erstellt worden, um überprüfen zu können, ob virtuell die Probleme identifiziert werden, die in Realität auftreten.

Die Ergebnisse des Versuchs waren sehr ernüchternd, da lediglich eine Problemstelle identifiziert werden konnte. Die Ursachen dafür sind:

- die Teile, die virtuell untersucht wurden, waren andere als die, die real verbaut wurden
- Prozesseinflüsse durch die Karosseriebauvorrichtung wurden nicht berücksichtigt
- Prozesseinflüsse durch das Fügeverfahren wurden nicht beachtet
- das Material- bzw. Verformungsverhalten der Teile wurde nicht modelliert

Als Fazit aus diesem Versuch wurde festgestellt, dass der Virtual Functional Build Ansatz, wie er oben beschrieben wird, nicht funktioniert.

3.2.4 Integrated Build (IB)

Functional Build als Methode zur Erreichung der produktbezogenen Qualitätsziele im Fahrzeugbau hat den Nachteil, dass sie nur auf den Bereich der Produktion ausgerichtet ist. Der ganzheitliche Ansatz mit Einbeziehung von Konstruktion und

Planung fehlt. Aus diesem Grund wurde die Methode zu Integrated Build (IB) am Center of Automotive Research (Car Group) in Michigan weiterentwickelt.
Gemäß der IB Philosophie soll frühzeitig im Entwicklungsprozess des Fahrzeuges eine Karosserie aufgebaut werden, möglichst aus serienwerkzeugfallenden Einzelteilen mit hoher Prozessstabilität. Der gesamte Herstellprozess wird dabei durchleuchtet, um die Schwachstellen zu identifizieren, wobei das zentrale Bewertungskriterium die Prozessstabilität ist. Die Tolerierung der Teile erfolgt erst, wenn die Analyse von Produkt und Prozess abgeschlossen ist. Enge Toleranzen werden vergeben, wenn der Fertigungsprozess in diesem Bereich sensitiv auf Schwankungen reagiert oder dies für die Funktion des Fahrzeuges relevant ist. Ist der Fertigungsprozess robust oder wird die Funktion des Fahrzeuges nicht beeinträchtigt, so kann das Toleranzfeld größer gewählt werden. Beim Integrated Build Ansatz werden die Toleranzen ausgehend von der Funktion der kompletten Karosse an die Einzelteile vergeben (top down). Im Gegensatz zur Functional Build Methode werden die Erkenntnisse aus dem Fertigungsprozess nicht nur bei der Bewertung der Einzelteilgeometrien verwendet, sondern durch die Einbeziehung der Konstruktion auch bei der Toleranzvergabe. Dies ist nur durch den frühzeitigen Aufbau einer Karosserie und die Rückkopplung der Erfahrungen in die Konstruktion möglich. /GERTH et al.03/
Des Weiteren werden die Erkenntnisse aus dem Aufbauprozess der Karosserie zur Bewertung der Konstruktion herangezogen. Basierend auf den Analyseergebnissen wird die Konstruktion verändert bzw. angepasst, um eine höhere Prozessstabilität zu erreichen. Die Konstruktionsphase wird also erst nach der Analyse von Produkt und Prozess im Rahmen des Aufbaus eines physischen Prototyps abgeschlossen. Dieses Vorgehen spart Zeit und Geld und verbessert die Gesamtqualität der Karosserie. /GERTH et al.03/

3.3 Schweißsimulation

Die Simulation des Schweißprozesses hat in der Forschung und Entwicklung heute einen festen Stellenwert, im Bereich der Produktion kommt sie hingegen kaum zum Einsatz. Das Schweißen kann „als eine Kombination von gekoppelten, nichtlinearen Einzelprozessen dargestellt werden, die durch das verwendete Schweißverfahren, sowie dessen Parameter, die zu verschweißenden Werkstoffe und Anfangs- und Randbedingungen maßgeblich beeinflusst werden." [siehe auch /SCHWENK.07.2/, /STADTAUS.05/, /SCHWENK et al.05/, /TIKHOMIROV et al.05/]
Um den Schweißprozess umfassend abbilden zu können, müssen diese Einzelprozesse und deren Kopplung hinreichend genau beschrieben werden. Um den Aufwand für Modellierung und Berechnung von praktischen Problemstellungen in einem vertretbaren Rahmen zu halten, müssen bis heute „Einflussgrößen vernachlässigt und Kopplungen aufgehoben werden." /STADTAUS.05/ Die Schweißsimulation wird gemäß ihrer Modelltiefe als Werkstoffsimulation, Prozesssimulation und Struktursimulation unterschieden (**Abbildung 3-17**).

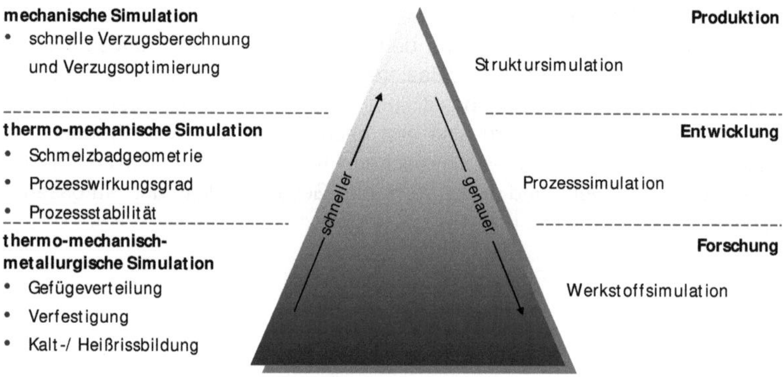

Abbildung 3-17 Modelle für die Schweißsimulation

3.3.1 Werkstoffsimulation

Die Werkstoffsimulation ist die genaueste Methode, welche die Problemstellungen auf mikroskopischer Ebene betrachtet und aus einer transienten (zeitabhängigen) thermo-mechanisch-metallurgischen Modellierung besteht. Die benötigten Werkstoffkennwerte sind temperatur- und phasenabhängig und insbesondere die Erfassung der Schweiß-ZTU-Diagramme ist sehr aufwändig und teuer.
Ziele der Simulation sind die Berechnung von Gefügezustand und Härte, Gefügeumwandlung sowie der Heiß- und Kaltrissbildung.

Die Qualität der Simulationsergebnisse hängt in hohem Masse von der Güte der Materialdaten ab. Liegen die Daten nicht in vollem Umfang vor, werden diese im Allgemeinen interpoliert oder extrapoliert, was allerdings zu Unsicherheiten bezüglich der Belastbarkeit der Berechnungsergebnisse führt. Die Berechnung erlaubt eine detaillierte Analyse des Materialverhaltens während und nach dem Schweißprozess u.a. bzgl. Temperatur- und Spannungsverteilung, Verzug, Gefügeumwandlung und Verfestigung. Dabei werden das Strömungsverhalten des Werkstoffs in der Schmelzzone und das viskose Werkstoffverhalten in der WEZ betrachtet. Zur Erreichung einer hohen Ergebnisqualität der Simulation sind von Seiten der Modellbildung hohe Elementdichten, die Verwendung von Volumenelementen und kleine Zeitschritte erforderlich. Dementsprechend zeitintensiv sind die Berechnungen. /TIKHOMIROV et al.05/

Zur Reduzierung der Rechenzeit wurden in den letzten Jahren Algorithmen entwickelt, bei denen eine thermo-mechanisch-metallurgische Berechnung nur noch in einem kleinen, repräsentativen Teil des Schweißbereiches (local model) durchgeführt wird. Die berechneten Effekte werden dann im nächsten Schritt auf das ganze Modell (global model) projiziert. Dieses Vorgehen reduziert allerdings nicht den Modellierungsaufwand und den Bedarf an Werkstoffdaten. Der Anwendungsbereich der Werkstoffsimulation liegt daher in der Forschung und Vorentwicklung. /TIKHOMIROV et al.05/

3.3.2 Prozesssimulation

Zur Verringerung des Aufwandes gegenüber der Werkstoffsimulation werden bei der Prozesssimulation einige vereinfachende Annahmen getroffen: [vgl. /SCHWENK et al.05/]

- temperaturunabhängige, homogene und isotrope Werkstoffkennwerte
- Vernachlässigung des konvektiven Wärmetransportes und der latenten Wärme
- Vernachlässigung des eingebrachten Zusatzwerkstoffes
- Modellierung der Wärmequelle mittels Wärmeleitmodellen
- keine Werkstoffhistorie (eigenspannungs- und verformungsfrei)

Dies reduziert die Menge benötigter Werkstoffkennwerte und damit den Modellierungsaufwand erheblich. [vgl. /STADTAUS.05/] Der Rechenaufwand lässt sich durch die Vernachlässigung der Phasenumwandlung allerdings nicht signifikant verringern, da immer noch eine transiente Berechnung des Schweißprozesses vorgenommen wird. /SCHWENK.07.2/

Als Wärmequellen werden aufgrund ihrer Einfachheit in der Regel Wärmeleitmodelle wie die Gauß-Volumenquelle für das Laserstrahlschweißen oder die Goldak-Quelle für die Simulation des WIG-Schweißens verwendet. [siehe beispielsweise /STADTAUS.05/, /SCHWENK et al.05/] In der Entwicklung sind aber auch selbstkonsistente Wärmequellen, denen im Gegensatz zu den Wärmeleitmodellen reale physikalische Zusammenhänge zugrunde liegen und bei denen als Eingabedaten reale Schweißparameter dienen. /SCHWENK.07.1/ Aufgrund des geringeren Detaillierungsgrades der Wärmeleitmodelle ist eine Kalibrierung anhand experimentell erstellter Schliffbilder des Temperaturfeldes notwendig (phänomenologischer Abgleich, fit-Modell, **Abbildung 3-18**). Dabei wird die Verteilung der Wärmequelle örtlich und zeitlich iterativ angepasst. /SCHWENK et al.05/ Danach sind bei der Berechnung von Temperaturfeldern Genauigkeiten erreichbar, die innerhalb der Streuung von Messungen liegen. Bei der Berechnung von Verformungen, insbesondere des Schweißverzuges, verbleiben noch Abweichungen. /SCHWENK et al.05/

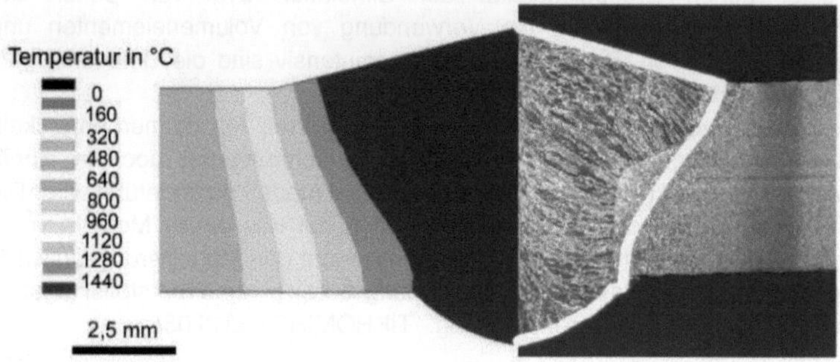

Abbildung 3-18 Abgleich des Temperaturfeldes (fit) /IFS.10/

Ziel der Simulation ist die Berechnung von

- Schmelzbadgeometrie und lokalem Temperaturfeld,
- Prozesswirkungsgrad und Prozessstabilität und
- Berechnung von schweißbedingten Verzügen und Eigenspannungen.

Der Fokus der Prozesssimulation liegt also darauf, ein besseres Verständnis des Schweißprozesses im Vergleich zum rein experimentellen Vorgehen zu erlangen. Damit soll eine gezielte Prozessoptimierung des Schweißprozesses ohne „trial and error“ vorgenommen werden können.
Der Einsatz von thermo-mechanischen Simulationen ist im Bereich der universitären sowie industriellen Forschung und Entwicklung etabliert und heute Stand der Technik. Aufgrund des hohen Rechenaufwandes beschränkt sich die Anwendung allerdings auf kleinere, weniger komplexe Einzelteile.

3.3.3 Struktursimulation

Eine deutliche Verringerung des Rechenaufwandes lässt sich nur durch eine weitere Vereinfachung des Simulationsmodells erreichen. Ziel ist es, nur die dominierenden Effekte in die Berechnung mit einzubeziehen. Dies wird durch mechanische Ersatzmodelle erzielt, bei welchen auf eine transiente thermische Berechnung des Schweißprozesses verzichtet wird. Für die Simulation sind nur wenige Materialdaten und Prozessparameter notwendig, was auch zu einer deutlichen Reduzierung des Modellierungsaufwandes führt. Im Gegensatz zur Werkstoff- und Prozesssimulation kann das geometrische Modell auch aus Schalen- anstatt Volumenelementen aufgebaut werden, da nur makroskopische Effekte abgebildet werden, welche nicht über die Blechdicke variieren.

Der zentrale Ansatz der mechanischen Ersatzmodelle ist, die thermischen Auswirkungen des Schweißprozesses auf die Einzelteilgeometrie durch mechanische Kräfte (Schrumpfkräfte) zu ersetzen. Die FE Knoten, die sich im Schweißbereich befinden, werden dazu in einem Zeitschritt auf eine negative Temperatur (Raumtemperatur minus Schmelztemperatur) abgekühlt. Über den thermischen Ausdehnungskoeffizienten des Materials werden die Kräfte ermittelt, die vorrangig für den Einzelteilverzug beim Schweißen verantwortlich sind. Mit der Struktursimulation lassen sich auf diese Weise Verformungen und Spannungen infolge statischer oder dynamischer Belastung schnell berechnen.

Das Einsatzgebiet der mechanischen Simulation wird in der Produktionsplanung gesehen, wo die Herausforderungen mehr in

- einem schnellen A-B-Vergleich verschiedener Varianten,
- großen und komplexen Einzelteilen,
- schnellem und häufigem Simulationsbedarf und
- sich häufig ändernden Einzelteilständen bzw. –geometrien,

als in der absoluten Genauigkeit der Berechnungsergebnisse bestehen. Ein Anwendungsbeispiel ist die virtuelle Bewertung und Optimierung unterschiedlicher Schweiß- und Spannpläne hinsichtlich des Schweißverzuges bei der Auslegung von Karosseriebauvorrichtungen. /SCHWENK.07.2/

Die Anwendung der Struktursimulation befindet sich in der Automobilindustrie allerdings noch in der Erprobungsphase und ist im Gegensatz zur Prozesssimulation noch kein fester Bestandteil des Produktprozesses. In der Praxis ist für die Struktursimulation die Software WeldPlanner von der ESI Group verfügbar, welche auf dem oben beschriebenen Schrumpfkraftmodell basiert. In der Literatur werden weitere vereinfachte Modelle unter den Namen „Equivalent Load Method“, „Equivalent Shrinkage Force Method“ oder „Inherent Strain Method“ beschrieben, welche aufgrund ihrer Leistungsfähigkeit vornehmlich im Schiffsbau zum Einsatz kommen. Am Institut für Fügetechnik der TU Cottbus wird im Rahmen eines Forschungsvorhabens aktuell an der Weiterentwicklung eines gekoppelten, analytisch-numerischen Schrumpfkraftmodells gearbeitet, bei dem die Schrumpfkräfte analytisch und nicht alleine aus der Spitzentemperatur im Schweißprozess ermittelt werden. Dieses Modell verspricht eine deutliche Verbesserung der Ergebnisqualität der mechanischen Simulation. [/MICHAILOV et al.10/]

Zur Qualifikation des mechanischen Ersatzmodells wurde ein Ergebnisabgleich der berechneten Verzüge zwischen einer transienten, thermo-mechanischen-metallurgischen Simulation und der mechanischen Simulation vorgenommen (**Abbildung 3-19**). Die Gegenüberstellung der Ergebnisse, hier am Beispiel eines Querlenkers, zeigt eine gute qualitative und quantitative Übereinstimmung des berechneten Verzuges.

Berichte aus der industriellen Anwendung belegen das Potential der Berechnungsmethode zur Verzugsoptimierung, wobei nur qualitative Aussagen zum Abgleich zwischen Simulation und Experiment gemacht werden. In den verfügbaren Veröffentlichungen zum Schrumpfkraftmodell des WeldPlanners steht die Verzugsberechnung von Nahtschweißverfahren im Fokus, beispielweise: [siehe u.a. /SCHWENK.07.2/, /TIKHOMIROV et al.05/, /ROLL et al.09/]

- Heckklappe aus Aluminium von Daimler, MIG-Schweißung
- Säule B aus höherfestem Stahl von Volkswagen, Laserschweißung
- Verbundlenkerachse aus Stahl von ThyssenKrupp, MAG-Schweißung

Ziel aller Untersuchungen war die Ermittlung des Schweißverzuges bei gegebenen Aufnahme- und Spannbedingungen sowie der Reihenfolge der Schweißnähte. Nach einer Kalibrierung der Modelle konnte eine gute qualitative Vorhersage des Verzugs erreicht werden. Auf Basis dieser virtuellen Ergebnisse sollte durch eine Veränderung der Spannerpositionen oder der Abfolge der Schweißnähte eine Reduzierung des Gesamtverzuges erreicht werden. /TIKHOMIROV et al.05/, /SCHWENK.07.2/, /ROLL et al.09/

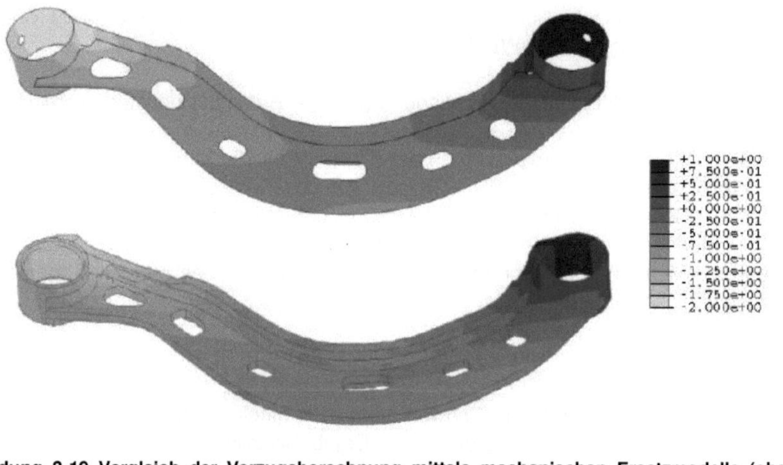

Abbildung 3-19 Vergleich der Verzugsberechnung mittels mechanischen Ersatzmodells (oben) und mittels thermo-mechanisch-metallurgischer Simulation (unten) am Beispiel eines Querlenkers (Verzug in mm) /TIKHOMIROV et al.05/

3.4 Virtuelle Prozesskette

Gemäß VDI Richtlinie 4499 wird der Begriff Digitale Fabrik wie folgt definiert:

Die Digitale Fabrik ist der Oberbegriff für ein umfassendes Netzwerk von digitalen Modellen, Methoden und Werkzeugen – u.a. der Simulation und 3D-Visualisierung -, die durch ein durchgängiges Datenmanagement integriert werden.
Ihr Ziel ist die ganzheitliche Planung, Evaluierung und laufende Verbesserung aller wesentlichen Strukturen, Prozesse und Ressourcen der realen Fabrik in Verbindung mit dem Produkt.

Während früher die Prozesse Produktentwicklung, Produktionsplanung und Produktherstellung noch weitgehend nacheinander abliefen, so verschmelzen diese heute zu einem durchgängigen Produktprozess (PP). /ENDRES.06/
Die frühe Phase einer Fahrzeugentwicklung hat als die konzeptbestimmende und gesamthaft kostenbeeinflussende Entwicklungsphase weitreichende Konsequenzen für die nachfolgende Serienentwicklung und ist daher von sehr großer Bedeutung. In Zeiten explodierender Modellvielfalt und ständig kürzer werdender Entwicklungszeiträume ist diese Bedeutung permanent gewachsen. /GÜLICH.08/ Ein zentraler Bestandteil der frühen Entwicklungsphase ist dabei die virtuelle Absicherung der einzelnen Fertigungsschritte bevor die Fertigungsprozesse umgesetzt und die Fertigungsressourcen in Hardware erstellt werden. Dieses Vorgehen hat unter anderem das Ziel, Fehler und Potentiale frühzeitig zu erkennen und damit einen höheren Reifegrad von Produkt, Prozess und Ressource zu erreichen. Denn nur bei Beherrschung von Produkt, Prozess und Ressource können optimale Produkte garantiert werden.

In der VDI-Richtlinie 3633 wird eine Simulation wie folgt definiert:

Simulation ist das Nachbilden eines Systems mit seinen dynamischen Prozessen in einem experimentierfähigen Modell, um zu Erkenntnissen zu gelangen, die auf die Wirklichkeit übertragbar sind.

Die Fertigungsprozesskette im Automobilbau umfasst die Schritte Einzelteilherstellung (Umformprozesse), Karosseriebau (Fügeprozesse), Lackierung (KTL, Decklack, Trocknung) und Endmontage. Die jeweiligen CAE-Werkzeuge zur Simulation der einzelnen Prozesse sind unterschiedlich weit entwickelt (**Abbildung 3-20**).

Die Umformsimulation zur Auslegung der Werkzeuggeometrie und Absicherung der versagensfreien Herstellung ist am weitesten entwickelt und fester Bestandteil des Entwicklungsprozesses. Eine Herausforderung, gerade in Verbindung mit höher- und höchstfesten Stählen (siehe Kapitel 3.1.1), ist die Berechnung der Rückfederung, die bei weitem nicht die Qualität der Simulation der ersten Ziehstufe erreicht hat. /ROLL et al.04/ Der amerikanische Umformexperte Stuart Keeler hat den aktuellen Zustand sehr passend beschrieben: „Springback is like the weather: It happens every day, is highly visible, may be predictable, is rarely understood and picks the worst time to act up.“

Die Simulation von Fügeprozessen, insbesondere des Schweißprozesses, ist, wie in Kapitel 3.3 beschrieben, in Teilgebieten auch sehr weit entwickelt. In der Anwendung liegt der Schwerpunkt allerdings auf der Absicherung der Prozessstabilität und der Berechnung von Prozessparametern (wie beispielsweise Schweißstrom I, Schweißzeit t oder Elektrodenkraft F) für die Schweißanlagen. Die Berechnung des durch den Fügeprozess entstehenden Verzuges von praxisrelevanten komplexen Baugruppen ist hingegen noch in der Erprobungsphase. Auch Simulationsmodelle zur Absicherung von mechanischen Fügeverfahren sind noch rar, werden aber derzeit in der Entwicklung stark vorangetrieben.
Im Bereich der Fahrzeuglackierung sind in den letzten Jahren Applikationen entwickelt worden, die die typischen Teilprozesse einer Lackierung simulieren können. Dazu zählen insbesondere Modelle für „Tauchprozesse (Ein- und Austauchen, Lufteinschlüsse, Badverschleppung), für die Schichtbildung bei der KTL-Lackierung, für den Lackauftrag mittels elektrostatischem Sprühen und für die Trocknung im Ofen und die UV-Härtung." /ZELDER et al.10/

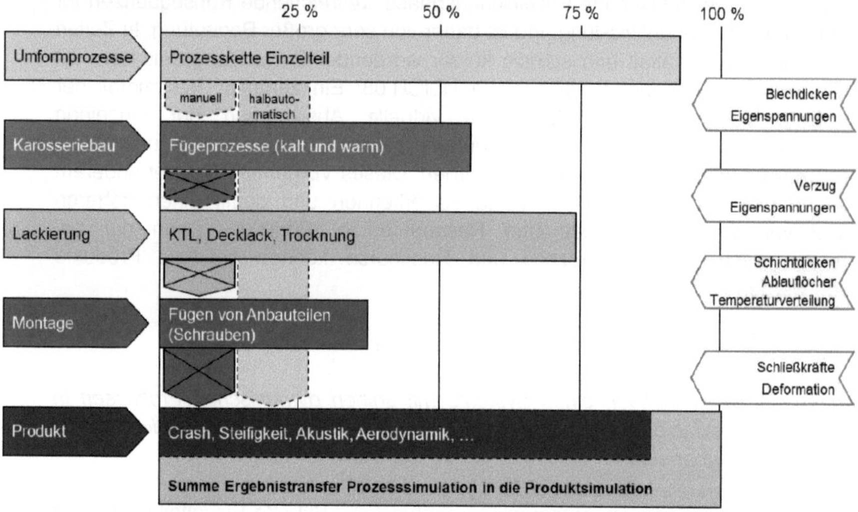

Abbildung 3-20 Reifegrad der virtuellen Prozesskette mit Einzeldisziplinen (eigene Darstellung in Anlehnung an /KULP.08/)

Virtuelle Untersuchungen von Prozessen der Endmontage sind im Entwicklungsprozess eines Fahrzeuges fest etabliert. Neben 2D und 3D DMU Analysen werden zur Absicherung der Montageumfänge auch AR-Systeme eingesetzt, mittels derer beispielsweise virtuelle Probeverbauten von Montageteilen an einer realen Karosserie durchgeführt werden können. Dabei werden die Einzelteile unter anderem bezüglich Verbaubarkeit (Kollision/ Freigang), Befestigungskonzept, Ergonomie und Wertschöpfung analysiert. Eine Berücksichtigung von physikalischen Effekten (Verformungsverhalten der Einzelteile, Einfluss von Schraub- oder Clipsprozessen, etc.) findet dabei nicht statt, d.h. es handelt sich nicht um FEM-Berechnungen.

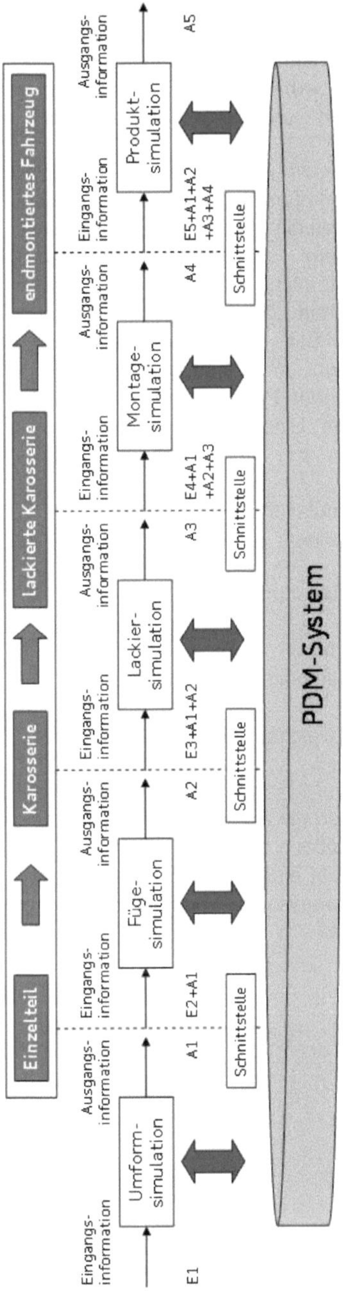

Abbildung 3-21 Virtuelle Prozesskette Kopplung der einzelnen CAE-Anwendungen über ein PDM-System (eigene Darstellung gemäß Institut für virtuelle Fertigungstechnik der TU Chemnitz, /VIPROF.10/)

Eine Fahrzeugentwicklung ohne die virtuelle Absicherung von Funktionen des Gesamtfahrzeuges, wie beispielsweise aktive und passive Fahrzeugsicherheit, Festigkeit, Fahrdynamik, Schwingungsverhalten oder Aerodynamik, ist schon lange nicht mehr denkbar. Die Fahrzeuge müssen heute eine breite Palette von Anforderungen in verschiedenen Bereichen erfüllen, die oftmals in Zielkonflikt zueinander stehen (z.B. Leichtbau und Fahrzeugsicherheit). /HILMAN.10/ Die in diesem Bereich heute zur Verfügung stehenden CAE-Programme haben einen sehr hohen Entwicklungsgrad und tragen dazu bei, die Zielkonflikte möglichst optimal zu lösen.

Neben der Weiterentwicklung der einzelnen Anwendung steht in einer Vielzahl von Projekten derzeit die Kopplung dieser Systeme im Fokus, um Wechselwirkungen der einzelnen Prozessschritte zu berücksichtigen. Das Ziel ist die Kreation einer durchgängigen virtuellen Prozess-kette, bei der die Einzelanwendungen über ein PDM-System verknüpft sind (**Abbildung 3-21**). So sollen beispielsweise Eigenspannungs-zustände sowie Geometrie- und Blechdickenveränderungen, die aus dem Umformprozess resultieren, als Eingangsgrößen in der Füge-simulation Beachtung finden, da diese die Ausbildung des Einzelteilverzuges und eines neuen Eigenspannungs-zustandes beim Fügen beeinflussen. Die in der Rohkarosserie konservierten Eigenspannungen haben wiederum erheblich Einfluss auf maßliche Veränderungen der Karosserie durch den Wärmeeinfluss im Lackierprozess (insbesondere auf die Ausformung von Einfallstellen oder Beulen im Bereich der

Oberfläche). Maßliche Abweichungen der lackierten Karosserie können in der Endmontage zur Folge haben, dass Teile nicht verbaut werden können oder das Ergebnis nicht den qualitativen Anforderungen entspricht. Eigenspannungen im Fahrzeug sowie abweichend vom Konstruktionsstand verbaute Teile beeinflussen zudem das Crash- und das Schwingungsverhalten und sind deshalb als Eingangsgrößen für die Produktsimulation von Interesse.

Bei den Softwareherstellern ist die Nachfrage nach der Verknüpfung der einzelnen CAx-Werkzeuge deutlich zu erkennen. Einige Anbieter versuchen die ganze Prozesskette mit eigenen Programmpaketen abzubilden und liefern zur Integration der Einzelanwendungen ein PDM-System mit (homogene Systemlandschaft).
Für den Anwender kann es sinnvoll sein, sich einer solchen Lösung zu bedienen und damit die Schnittstellenproblematik zu minimieren. Bei einer übergeordneten Betrachtung zeigt sich jedoch der Bedarf nach offenen und modularen virtuellen Prozessketten (heterogene Systemlandschaft). Denn für jeden Prozessschritt sollte das hierzu am besten geeignete Simulationswerkzeug zum Einsatz kommen können. /BAUER et al.08/

Die Herausforderung bei der Integration der einzelnen Simulationsanwendungen in eine virtuelle Prozesskette liegt unter anderem in folgenden Punkten:

- unterschiedliche Datenmodelle der Programme im Input und Output

- unterschiedliche geometrische Modellbildung (Element- und Netzvarianten) für die verschiedenen Berechnungen führt zu Problemen beim Daten-Mapping

- Nachvollziehbarkeit, welche Informationen in welches Berechnungsmodell eingegangen sind (Versionsmanagement)

Um die Kosten im Produktprozess weiter zu senken, haben die Automobilhersteller das Ziel, die Entwicklung der Fahrzeuge ohne den Aufbau physischer Prototypen durchzuführen. Eine durchgängige virtuelle Prozesskette ist eine Grundvoraussetzung, um dieses Vorhaben realisieren zu können, ohne Kompromisse bei der Absicherung von Produkt, Prozess und Ressource eingehen zu müssen.

4 Potential (Defizit)

In diesem Kapitel werden Potentiale des aktuellen Vorgehens zur Erreichung der produktbezogenen Qualitätsziele im Fahrzeuganlauf der Prozesskette Karosseriebau beschrieben. Daraus leitet sich im Weiteren die Idee für die vorliegende Dissertation ab.

Im Zeitraum der Produktentstehung befindet sich jeder Fahrzeughersteller im bekannten Spannungsfeld von Termin-, Qualitäts- und Kostenzielen (**Abbildung 4-2**). In einem ausgewogenen Prozess haben diese Ziele einen gleich hohen Stellenwert. Gerät das System aus dem Gleichgewicht, entsteht dadurch ein unerwarteter Ressourcenbedarf, um die Zielabweichungen zu korrigieren, wodurch die anderen Projektziele gleichermaßen mit gefährdet werden. /KRAEMER et al.09/

Abbildung 4-1 Ausgewogenes Verhältnis der Projektziele Termine, Qualität und Kosten /KRAEMER et al.09/

Jeder Arbeitsablauf im Projekt, der nicht zielgerichtet mit den Projektzielen in Einklang steht, stellt ein Risiko für die Erreichung dieser Ziele dar. Daher müssen die

Arbeitsabläufe durch Methoden unterstützt werden, die eine systematische Realisierung der Vorgaben ermöglichen.

Wie in der Einleitung dargestellt, ist es ein Ziel der Automobilhersteller in der Produktentstehungsphase die Herstellbarkeit des Produktes und die Erfüllung der qualitativen Anforderungen an das Produkt unter Serienbedingungen abzusichern.
Im Kontext dieser Arbeit bestehen die durch den Karosseriebau zu erfüllenden Vorgaben, wie in Kapitel 3.1 erörtert, hauptsächlich aus geometrischen Forderungen und einer prozesssicheren Fertigung des Produktes. Die Aufgabe des Analyseteams ist es, Abweichungen der Einzelteile, Baugruppen oder der Karosserie von der Forderung zu analysieren, Korrekturmaßnahmen zu definieren, deren Umsetzung zu begleiten und Wirksamkeit zu überprüfen. Die zentralen Einflüsse auf die Maßhaltigkeit der Karosserie sind in **Abbildung 4-2** zusammengefasst.

Abbildung 4-2 Einflüsse auf die Maßhaltigkeit der Karosserie

Die zeitliche Abfolge der Arbeitsabläufe in einem Fahrzeugprojekt ist im Produktprozess (PP) geregelt (Abbildung 1-1). Der im Rahmen dieser Arbeit betrachtete Zeitraum der Produktentstehung lässt sich in drei Phasen unterteilen: die **frühe Entwicklungsphase**, die **Prototypenphase** und die **Vorserienphase**.

In der **frühen Entwicklungsphase** findet die Konstruktion von Produkt und Fertigungsressourcen, sowie die Planung des Fertigungsprozesses statt. In Kapitel 3.4 wurde beschrieben, dass Entwicklung und Planung in diesem Zeitraum durch den Einsatz von Werkzeugen zur Simulation von einzelnen Fertigungsprozessschritten und Produktfunktionen unterstützt werden. Mittels dieses Vorgehens sollen Fehler und Potentiale frühzeitig erkannt und damit ein höherer Reifegrad von Produkt, Prozess und Ressource erreicht werden.

Wie bereits angesprochen, zählt die Berücksichtigung des durch den Fügeprozess entstehenden Verzuges bei der Auslegung der Fertigungsressourcen für den Karosseriebau nicht zum Stand der Technik. Die Vorrichtungen werden zur Sollgeometrie der Karosserieteile konstruiert, Prozesseinflüsse bleiben unberücksichtigt. Zu Beginn des Bauprogramms im Produktprozess (Prototypenphase) sind die einzelnen Elemente der Vorrichtungen im Karosseriebau daher gemäß Konstruktionsdatensatz aufgebaut und eingemessen. Damit wird zunächst die Annahme aus dem Net Build Ansatz (siehe Abschnitt 3.2) zugrunde gelegt, dass aus Teilen, die die Spezifikation

erfüllen, auch Baugruppen entstehen, deren Geometrie innerhalb der Toleranzgrenzen liegt.
Die Ergebnisse der Studie von A/S P /GERTH.05.1/ belegen aber, dass diese Annahme in der Realität nicht zutrifft. Beim Fügen treten Prozesseinflüsse auf, die Auswirkungen auf die Geometrie der einzelnen Baugruppen und somit auch auf die Maßhaltigkeit der Karosserie haben. Am Center for Automotive Research in Michigan (CAR Group) wurden aus diesem Grund die aufeinander aufbauenden Methoden Functional Build, Virtual Functional Build und Integrated Build entwickelt. Diesen liegt zugrunde, dass die Bewertung von Einzelteilabweichungen nicht mehr durch sequentielle Prozessvalidierung erfolgt (bottom-up), sondern nach funktionalen Anforderungen an die Karosserie (top-down). Um dieses Vorgehen zu ermöglichen, bedarf es Erkenntnisse über das Verhalten der Einzelteile im Prozess, um die Auswirkung von Einzelteilabweichungen und Prozesseinflüssen auf die funktionalen Anforderungen der Karosserie beurteilen zu können. Daraus können wichtige Erkenntnisse über die Robustheit eines Fügeprozesses gegenüber Einzelteilabweichungen abgeleitet werden.
Die Hauptproblematik der von der CAR Group vorgestellten Ansätze liegt darin, dass Erkenntnisse über die Robustheit des Fügeprozesses gegenüber maßlichen Abweichungen und Schwankungen von Einzelteilen derzeit nur durch den physischen Aufbau von Karosserien gewonnen werden können. Dieses Vorgehen ist teuer – da Werkzeuge zur Herstellung der Einzelteile und Vorrichtungen zum Fügen dieser zu einer Karosserie benötigt werden – und zeitaufwändig. Deshalb ist bei den Fahrzeugherstellern eine vierte Methode weit mehr verbreitet, die sogenannte event-based Functional Build Methode. Dabei werden die Toleranzen im Rahmen des Toleranzmanagements vergeben, wobei die Gültigkeit der Starrkörperhypothese angenommen wird (siehe Kapitel 2.3). Die Einzelteile sollen dann gemäß diesen Vorgaben gefertigt werden. Auf Basis der Erfahrungen, die im Karosseriebau im Laufe des Bauprogramms gesammelt werden, kommt es zu einer Anpassung der Vorgaben. Das heißt, dass Formabweichungen von Einzelteilen akzeptiert werden können, falls die Funktion der Karosserie dadurch nicht beeinträchtigt wird, auch wenn diese außerhalb der vorgegebenen Toleranzen liegen. Umgekehrt kann es zu Formänderungen entgegen Zeichnungsstand kommen, obwohl ein Einzelteil innerhalb der Toleranz gefertigt wurde, wenn aufgrund von Prozesseinflüssen die Erfüllung der Anforderungen nicht erreicht werden kann.
Die Methode des event-based Functional Build ist deshalb nicht optimal zur Erreichung der produktbezogenen Qualitätsziele, da die Ressourcen zur Optimierung von Einzelteilen und Karosserie nicht immer zielgerichtet eingesetzt werden. Es fehlt in der frühen Phase des Produktprozesses, wenn die Werkzeuggeometrie berechnet, erstellt und optimiert wird, schlicht an Erkenntnissen über die Robustheit und den Einfluss der Fügeprozesse, die es erlauben, Formabweichungen an Einzelteilen von Beginn an systematisch zu bewerten und zu optimieren. Diese Erkenntnisse können zu diesem frühen Zeitpunkt nur durch eine Simulation des Fügeprozesses erlangt werden.
Während es im Bereich der Einzelteilherstellung sowohl für die Prototypen- als auch die Serienwerkzeuge Stand der Technik ist, dass im Rahmen der Werkzeugkonstruktion und -optimierung die FEM zur Berücksichtigung von Werkstoffverhalten und Prozesseinflüssen zum Einsatz kommt, ist dies bei der Konstruktion der Karosseriebauvorrichtungen nicht der Fall. Eine Unterstützung der Vorrichtungskonstruktion durch die etablierte Prozesssimulation ist für die komplexen

Einzelteilgeometrien im Automobilbau zu aufwändig. Die weniger aufwändigen Struktursimulationen befinden sich noch in der Erprobungsphase.

An die frühe Entwicklungsphase schließt die **Prototypenphase** an, welche unter anderem zur Erprobung und Bestätigung des Zusammenspiels der einzelnen Einzelteile und damit zur Absicherung der Produktionsprozesse dient. Ein wichtiger Anspruch der Prototypenfertigung ist daher immer, die Umstände der Serienproduktion möglichst gut abzubilden, um so Herausforderungen frühzeitig identifizieren und die Erkenntnisse bei der Entwicklung bzw. Planung der Serienfertigungsprozesse berücksichtigen zu können. Die Einzelteile der Prototypen werden nicht mit Serienwerkzeugen (SWZ) gefertigt, sondern mit Hilfe von Prototypenwerkzeugen (PWZ). Prototypenwerkzeuge sind im Vergleich zu Serienwerkzeugen schneller und günstiger in der Herstellung. Im Allgemeinen werden diese Werkzeuge aus der Feinzinklegierung Zamak (Legierung aus Zink, Aluminium, Magnesium und Kupfer) gefertigt, welche aufgrund der geringeren Härte im Vergleich zum Stahl des Serienwerkzeuges wesentlich einfacher zerspanbar ist. Die geringe Härte ist allerdings auch die Ursache für einen sehr hohen Verschleiß des Werkzeuges beim Umformen, was zu einer geringen Standzeit des Werkzeuges und einer höheren Streuung der Teile einer Abpressung führt.

In der **Vorserienphase** werden die Fahrzeuge aus serienwerkzeugfallenden Teilen gefertigt. Ziel ist es, die Fahrzeuge unter Nutzung der Serieneinrichtungen aufzubauen, um so Fertigungsanlagen und Fertigungsprozesse zu optimieren und in den Zusammenbauten Passung und Maßhaltigkeit der serienwerkzeugfallenden Einzelteile zu prüfen. Zum Ende der Vorserie sollen Produkt, Prozess und Ressource einen Reifegrad erreicht haben, der es ermöglicht, die Fahrzeuge in der anschließend startenden Serienproduktion in der angestrebten Qualität zu produzieren.

In der Einleitung wurde bereits angesprochen, dass die Bauphase im Karosseriebau mit Karosseriebauvorrichtungen startet, die zum Konstruktionsstand eingemessen wurden. Die zu fügenden Einzelteile sind im Allgemeinen mit gewissen Formabweichungen behaftet, was zusammen mit den Einflüssen aus dem Fügeprozess zu Baugruppen und letztlich zu einer Karosserie führt, die in der Regel nicht in allen Bereichen den vorgegebenen Merkmalswerten entspricht.

Der Herstellprozess wird von einem parallel laufenden Analyseprozess begleitet. Die Aufgabe der Analyseteams ist es, sicherzustellen, dass die Karosserie zum einen prozesssicher unter Serienbedingungen gefertigt werden kann und zum anderen die qualitativen Anforderungen erfüllt. Die Analyse findet dabei auf Basis von Einzelteil- und Baugruppen-Messberichten statt und definiert Korrekturmaßnahmen zur Optimierung der Baugruppengeometrie. Zur Optimierung gibt es grundsätzlich die folgenden Möglichkeiten, wie sie in Kapitel 3.2.2 vorgestellt wurden:

- Werkzeugänderung von einem oder mehreren Einzelteilen
- Änderungen im Fügeprozess, insbesondere an der Karosseriebauvorrichtung
- konstruktive Änderung von einem oder mehreren Teilen
- eine Kombination aus diesen

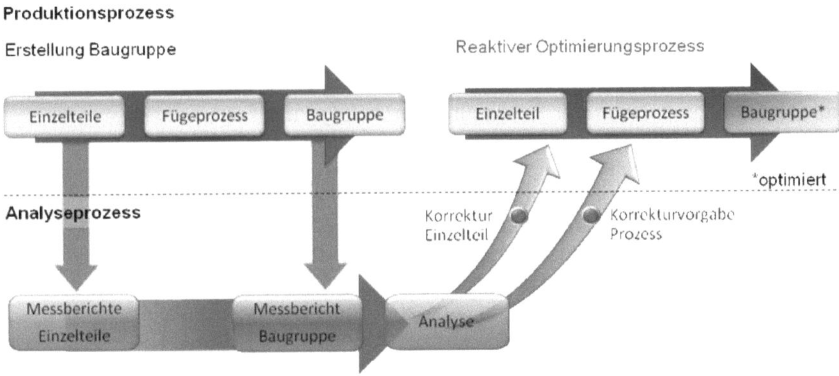

Abbildung 4-3 Produktionsprozess und reaktiver Analyseprozess

Auf diese Weise werden die Teilegeometrien, die Vorhaltungen der Karosseriebauvorrichtung und der Fügeprozess sukzessive aufeinander abgestimmt. Festzustellen ist, dass die produktbezogenen Qualitätsziele mittels dieses Vorgehens iterativ, basierend auf einem reaktiven Analyseprozess, erreicht werden. Die Analyse kann immer erst nach einer Fertigungsschleife stattfinden und die Korrekturen werden erst in der nächsten Schleife wirksam (siehe **Abbildung 4-3**). Für diesen Abstimmprozess ist sehr viel Erfahrung seitens des Analyseteams notwendig, welches die maßlichen Abweichungen bewerten und den Umfang der Optimierungsmaßnahmen richtig definieren muss. Eine große Herausforderung ist dabei, die Wirksamkeit der Korrekturmaßnahmen richtig einzuschätzen um die Anzahl der Optimierungsschleifen möglichst gering zu halten.
Kommt es im Verlaufe des Produktprozesses zu Modifikationen von Teilen (beispielsweise Änderung der Konstruktion, des Materials oder der Materialdicke), so beginnt der Abstimmprozess in den betroffenen Bereichen häufig von Neuem. Auch der Wechsel von den Prototypen- in die Serienwerkzeuge bei der Einzelteilherstellung, beziehungsweise von den Prototypen- in die Serienvorrichtungen im Karosseriebau macht eine erneute iterative Abstimmarbeit notwendig.

Bis zu dieser Zeile umfasst das Kapitel eine Beschreibung des aktuellen Vorgehens zur Erreichung der produktbezogenen Qualitätsziele in der Prozesskette Karosseriebau in der Produktentstehung. Dabei wurde auch Optimierungspotential bei der Berücksichtigung von Einflüssen des Fügeprozesses auf die Maßhaltigkeit der Karosserie herausgestellt. Im weiteren Verlauf dieses Kapitels wird erörtert, wie eine Verbesserung des aktuellen Vorgehens durch den Einsatz einer Simulation des Fügeprozesses in den verschiedenen Phasen der Produktentstehung erreicht werden kann.

Fügesimulation in der frühen Entwicklungsphase

In diesem Zeitraum kann mittels einer Verzugsberechnung der Prozesseinfluss der Fügetechnologie und der Karosseriebauvorrichtung auf die Baugruppengeometrie ermittelt und minimiert werden.

Zu diesem Zweck wird eine Fügesimulation mit Einzelteilgeometrien die dem CAD-Datenstand entsprechen aufgebaut. Gemäß dem ersten Entwurf des Aufnahme- und Spannplans werden im Weiteren die Randbedingungen während der Simulation des Fügeprozesses definiert. Nach der Festlegung der Abfolge der Fügepunkte kann die Berechnung erfolgen. Das Ergebnis zeigt den Verzug der Baurgruppe, der rein durch den Einfluss von Fügetechnologie und Karosseriebauvorrichtung entsteht (siehe Abbildung 4-4). Die Auswirkungen von schwankenden Spaltverläufen zwischen den Einzelteilen, die etwa durch geometrische Abweichungen der Fügepartner bedingt werden, treten nicht auf, da die Einzelteilgeometrien im CAD-Datensatz im Fügebereich zueinander ideal gestaltet sind. Die Minimierung des in **Abbildung 4-4** zu sehenden Verzuges der Baugruppe ist daher die Aufgabe für die Fügesimulation in der Konstruktionsphase.

Durch die Ermittlung der Prozesseinflüsse auf die Geometrie der Baugruppe kann die Karosseriebauvorrichtung direkt so konstruiert und optimiert werden, dass sie eine Vorhaltung berücksichtigt, die diesen Prozesseinflüsse entgegen wirkt. Das heißt, die einzelnen Vorrichtungselemente werden nicht mehr gemäß der Net-Build Philosophie passend zum CAD-Stand der Einzelteile konstruiert, sondern überdrücken diese Teile in verschiedenen Bereichen, um dem Verzug durch den Fügeprozess entgegen zu wirken. Mittels einer solchen Vorrichtung ist es damit im Allgemeinen von Anfang an möglich, aus Einzelteilen, die gemäß der Spezifikation gefertigt wurden, eine ebensolche Baugruppe herzustellen.

Durch die Absicherung des Einflusses der Karosseriebauvorrichtung auf die geometrischen Qualitätsziele der Prozesskette Karosseriebau mittels einer Fügesimulation lässt sich außerdem sicherstellen, dass die Wirksamkeit der einzelnen Aufnahme- und Spannelemente zur Kompensation von Prozesseinflüssen gegeben ist. Ist die Wirksamkeit nicht gegeben, so ist eine Veränderung des Aufnahme- und Spannplans notwendig. Die simulative Absicherung der Karosseriebauvorrichtung trägt daher systematisch zu einer höheren Reife der Vorrichtung und des Fügeprozesses bei. Wie in Kapitel 3.3.3 beschrieben, wird für diesen Anwendungsbereich bei einigen Automobilherstellern die Struktursimulation erprobt, da diese den Anforderungen in der Planungs- und Konstruktionsphase am besten gerecht wird:

- schnelle Berechnung verschiedener Varianten (Änderung der Abfolge der Fügepunkte oder der Spannstellen)
- Simulation großer und komplexer Einzelteile
- schneller und häufiger Simulationsbedarf
- schnelle Reaktionsfähigkeit bei sich häufig ändernde Einzelteilstände bzw. – geometrien

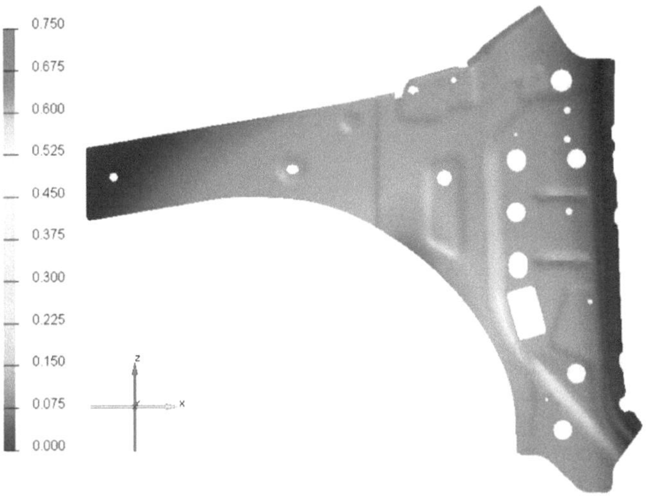

Abbildung 4-4 Verzug in der Baugruppe Säule A innen oben durch Einflüsse im Fügeprozess (in mm) /eigene Berechnung mit SYSWELD/

Fügesimulation in der Bauphase

Werden nach Erstellung der Werkzeuge und Karosseriebauvorrichtungen zum Herstellen und Fügen der Einzelteile reale Fahrzeuge gefertigt, so wird der Einzelteilverzug neben der Karosseriebauvorrichtung und Fügetechnologie noch durch Formabweichungen der Einzelteile beeinflusst. Wie im Abschnitt 3.1.2 erörtert, haben vor allem schwankende Spaltverläufe im Fügebereich großen Einfluss auf den entstehenden Einzelteilverzug, da die einzelnen Fügepartner an diesen Stellen auf Kontakt gezwungen werden. In **Abbildung 4-5** ist dieser Effekt dargestellt. Alle Schnitte zeigen den Bereich der BG Säule A innen unten, in dem sich nach dem Fügen vier Schweißpunkte befinden. In diesem Bereich sind die Einzelteile also zum Kontakt gezwungen. Der erste Schnitt gibt den Konstruktionsstand wieder; die beiden Einzelteile liegen gespannt in der Vorrichtung und haben im Flanschbereich flächig Kontakt. Ein Zusammendrücken der beiden Einzelteile im Rahmen des Fügeprozesses ist theoretisch gar nicht notwendig. In der Mitte ist ein Schnitt von Einzelteilen mit Formabweichungen. Die Teile liegen vor dem Fügen gespannt in der Vorrichtung. Der schwankende Spaltverlauf zwischen den beiden Teilen ist deutlich zu erkennen. Im

Verlauf des Fügeprozesses werden die beiden Bleche im Bereich der Schweißpunkte (im unteren Schnitt durch Pfeile markiert) zusammengedrückt, verbunden und so in eine Zwangslage gebracht. Die Kräfte, die zur Schließung des Spaltes erforderlich sind, erzeugen einen Spannungszustand in den Blechen. Mit dem Öffnen der Spanner (womit Zwangsbedingungen bei der Lagerung der Baugruppe wegfallen) bildet sich ein neuer Gleichgewichtszustand der Spannungen aus; ein Teil dieser Spannungen führt zu Verzügen der Baugruppe, der andere verbleibt als Eigenspannung in der Baugruppe.

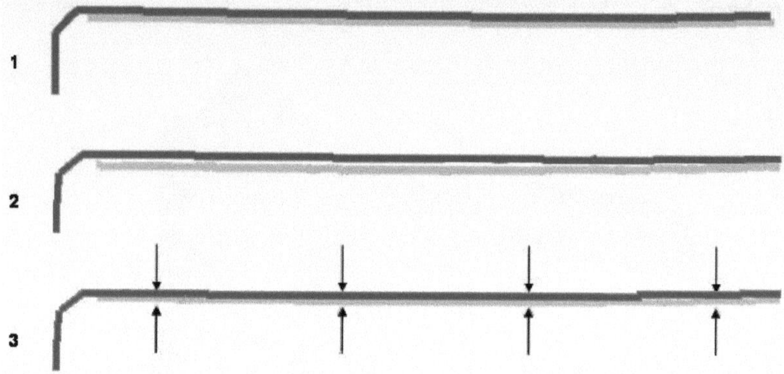

Abbildung 4-5 Entstehung von Einzelteilverzug durch schwankende Spaltverläufe im Fügebereich: Konstruktionsstand (oben), Einzelteile gespannt, nicht gefügt (mitte), Baugruppe nach dem Fügen (unten)

In **Abbildung 4-6** ist der Einzelteilverzug zu sehen, der durch das Zusammendrücken und Verschweißen der mit Formabweichungen behafteten Einzelteile entsteht. Es ist klar zu erkennen, dass der Gesamtverzug dieser Baugruppe deutlich größer ist, als der Verzug der Baugruppe, die aus Einzelteilen besteht, deren Geometrien den CAD-Daten entspricht.

Eine Aufgabe des Analyseteams in der Bauphase ist es, die Abweichung der Baugruppengeometrie in denen für die Funktion dieser Baugruppe wichtigen Bereichen zu minimieren. Die Gesamtabweichung der Baugruppe setzt sich zum einen aus dem durch das Fügen bedingten Verzug und zum anderen aus den bereits vorhandenen Formabweichungen der Einzelteile zusammen. Wie in diesem Kapitel bereits beschrieben wurde, ist das aktuelle Vorgehen zur Optimierung der Baugruppengeometrien ein iterativer, reaktiver und erfahrungsbasierter Analyseprozess. Wie angesprochen, ist die zentrale Herausforderung dabei, die Wirksamkeit der Korrekturmaßnahmen richtig einzuschätzen, um die Anzahl der Optimierungsschleifen möglichst gering zu halten. Gelingt es, diesen Prozess durch eine Methode zu unterstützen, die es erlaubt, auf Basis der Einzelteilgeometrien und der Kenntnis des Fügeprozesses die Gestalt der daraus entstehenden Baugruppe vorauszubestimmen, so kann man von einem reaktiven iterativen Analyseprozess zu einer aktiven Steuerung für die geometrischen Qualitätsziele des Karosseriebaus gelangen (**Abbildung 4-7**).

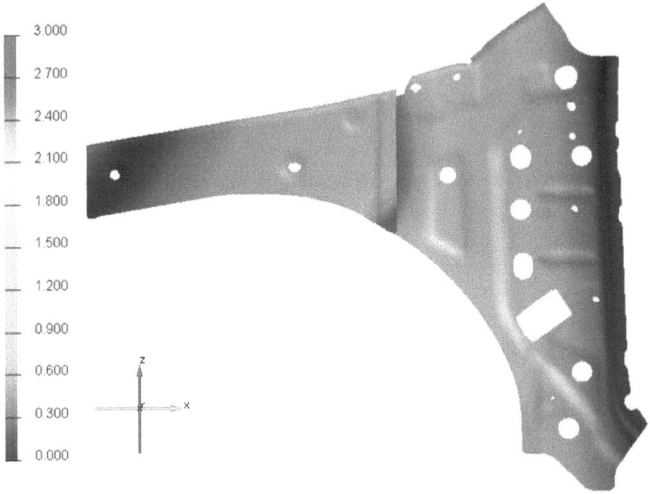

Abbildung 4-6 Verzug in der Baugruppe Säule A innen oben durch Einflüsse im Fügeprozess und Formabweichungen im Flanschbereich der Einzelteile (in mm) /eigene Berechnung mit SYSWELD/

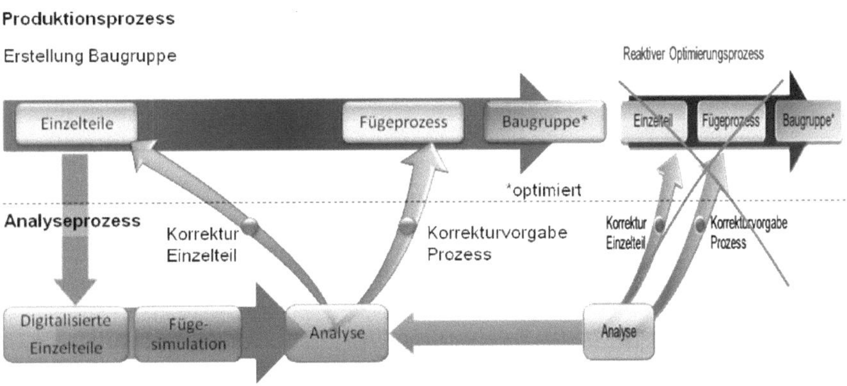

Abbildung 4-7 Produktionsprozess und aktive Steuerung für die geometrischen Qualitätsziele

Mit dem Einsatz einer Fügesimulation lässt sich der Analyseprozess folgendermaßen unterstützen:

- systematische Erfassung und Bewertung von Einzelteil- und Baugruppenabweichungen über die gesamte Prozesskette Karosserie
- Simulation der Auswirkungen von Prozesseinflüssen auf die Baugruppengeometrie
- Ermittlung von Stellgrößen der Karosseriebauvorrichtung zur Optimierung der Baugruppengeometrie vor der Fertigstellung realer Baugruppen

Damit lassen sich folgende Verbesserungen im Produktprozess erreichen:

- Erkenntnisse über die zu erwartende Qualität der Baugruppe vor dem Fügen realer Einzelteile ermöglichen vorgelagerte Analysen
- schnellere Erreichung der produktbezogenen Qualitätsziele
- zielgerichtete Optimierung von Einzelteilen und zugehörigen Fertigungsprozessen
- Reduzierung von Einzelteiländerungen im Serienwerkzeug
- höherer Reifegrad der Karosserie; damit stehen ausgereiftere Versuchsträger für die Erprobung zur Verfügung

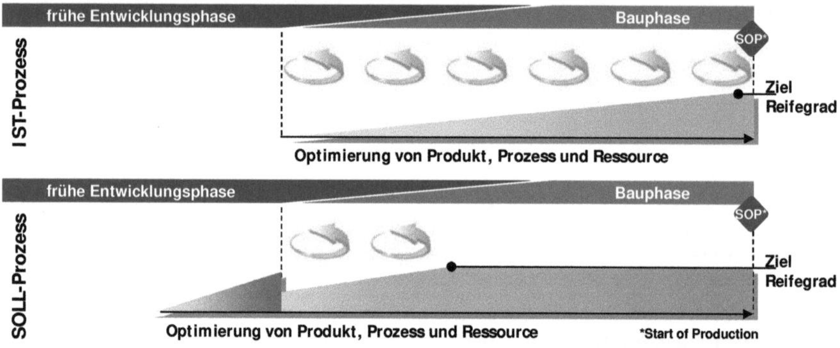

Abbildung 4-8 Steigerung der Reife von Produkt, Prozess und Ressource während der Produktentstehung mittels reaktivem, iterativem Analyseprozess (oben) und aktiver Steuerung (unten)

Die Einbindung einer Simulationssystematik für den Karosseriebau in den Produktprozess sowohl in der frühen Entwicklungs- als auch in der Bauphase ermöglichen es, die Reife von Produkt, Prozess und Ressource systematischer und schneller auf Serienniveau zu steigern (**Abbildung 4-8**). Die aktive Steuerung für die geometrischen Qualitätsziele des Karosseriebaus trägt auf diese Weise direkt dazu bei, das Gleichgewicht im Spannungsfeld aus Termin-, Qualitäts- und Kostenzielen zu stabilisieren.

Um eine aktive Steuerung des Karosseriebaus realisieren zu können, bedarf es also einer Kopplung von physischem Fahrzeugbau mit einer Simulation. Eine solche direkte Verknüpfung von Karosseriebau mit einer FE-Simulation zur aktiven Steuerung der geometrischen Qualitätsziele der Prozesskette Karosseriebau stellt einen neuen, bisher nicht betrachteten Ansatz dar.

Diese kann nur dadurch erreicht werden, dass die Simulation mit realen Produkt-, Prozess- und Ressourcendaten modelliert wird:

- Das geometrische Modell (Produkt) für die FE-Analyse kann daher nicht mehr wie üblich aus CAD-Daten gebildet werden, sondern muss mit Daten aufgebaut werden, welche die Gestalt der realen Einzelteile widerspiegeln, die auch im Karosseriebau verbaut werden.

- Der Übertrag der Prozessdaten in die Simulation betrifft in erster Linie die Modellierung der eingesetzten Fügetechnologie für die Berechnung. Die Modellierung ist im Allgemeinen durch die Wahl der Simulationssoftware festgelegt. Die Unterschiede bei der Abbildung des im Fokus dieser Arbeit stehenden Schweißprozesses sind in Kapitel 3.3 dargelegt.
  Prozessinformationen, die ebenfalls in der Simulation Beachtung finden müssen, sind die Abfolge des Fügeprozesses (beispielsweise die Schweißpunktreihenfolge) und zu welchem Zeitpunkt Spanner geschlossen beziehungsweise geöffnet sind.

- Es muss ein bidirektionaler Abgleich von Einstellungsdaten der Karosseriebauvorrichtung (Ressource) zwischen Simulation und Karosseriebau möglich sein. Zunächst muss der aktuelle Stand aus dem Karosseriebau in die Simulation übertragen werden; nach der virtuellen Optimierung der Baugruppengeometrie müssen die ermittelten Stellgrößen in die Produktion Karosseriebau zurückgespiegelt werden können.

Die Anforderungen an die Simulationsmethode der aktiven Steuerung sind ähnlich denen in der Planungs- und Konstruktionsphase:

- schnelle Berechnung verschiedener Varianten (Ermittlung von Stellgrößen der Karosseriebauvorrichtung zur Optimierung der Baugruppengeometrie)

- Simulation großer und komplexer Einzelteile

- schneller und häufiger Simulationsbedarf

- sich häufig ändernde Einzelteilgeometrien

Für die Simulation ist daher der Einsatz von mechanischen Ersatzmodellen zur Berücksichtigung der thermischen Einflüsse im Rahmen einer Struktursimulation naheliegend.

5 Die aktive Steuerung für die geometrischen Qualitätsziele der Prozesskette Karosseriebau in der Vorserie – vom Reagieren zur gezielten Steuerung

Das in Kapitel 4 dargelegte Prinzip der aktiven Steuerung des Karosseriebaus soll in diesem Abschnitt detailliert beschrieben werden. Dabei wird zunächst auf das Prozessprinzip und die Steuerungssystematik eingegangen, mittels welcher die aktive Steuerung der geometrischen Qualitätsziele umgesetzt wird. In den beiden darauffolgenden Abschnitten wird dann ausführlich auf die einzelnen Schritte zur Erstellung einer Fügesimulation eingegangen, welche das Kernstück der aktiven Steuerung darstellt.

Im Rahmen dieser Arbeit liegt der Fokus auf dem Fügen von Einzelteilen mittels des Widerstandspunktschweißverfahrens. Dementsprechend wird hier auf die Modellierung der Problemstellung aus dem Anwendungsgebiet des Punktschweißens eingegangen.

5.1 Prozessprinzip und Steuerungssystematik

Für die aktive Steuerung der geometrischen Qualitätsziele des Karosseriebaus sollen, ausgehend von realen Produktdaten sowie Ressourcen- und Prozessparametern, Maßnahmen zur Optimierung der Baugruppengeometrie mittels einer FE-Analyse ermittelt und abgesichert werden. Zunächst ist es das Ziel der aktiven Steuerung in der frühen Entwicklungsphase, die systematischen Einflüsse des Fertigungsprozesses auf die Maßhaltigkeit von Karosseriebaugruppen zu minimieren. Mit Beginn der Bauphase in der Produktentstehung rückt die Abstimmung von Produkt, Prozess und Ressource für konkret vorliegende Einzelteile in den Fokus. In diesem Zeitraum kommen, im

Unterschied zur frühen Entwicklungsphase, geometrische Abweichungen der Einzelteile vom Zeichnungsstand als wichtige Einflussfaktoren auf die Maßhaltigkeit der Baugruppen hinzu. Um eine zielgerichtete virtuelle Optimierung der Baugruppengeometrie für reale Einzelteile mittels einer FE-Analyse zu ermöglichen, muss eine direkte Kopplung der Fahrzeugproduktion mit der Simulation erreicht werden. In Abbildung 4-2 wurden die Einflüsse auf die Maßhaltigkeit der Karosserie dargestellt. Um eine Kopplung von Simulation und Produktion realisieren zu können, müssen diese Einflüsse auch in der FE-Analyse Berücksichtigung finden (siehe **Abbildung 5-1**).

Wie in Kapitel 2.4 erläutert, lassen sich beim Einsatz der FEM grundsätzlich drei Phasen unterscheiden: Pre-Processing, Berechnung und Post-Processing. Die Modellerstellung, und damit die Festlegung aller Randbedingungen für die Berechnung, findet im Pre-Processing statt. Infolgedessen müssen in dieser Phase auch die wesentlichen Einflussfaktoren auf die Maßhaltigkeit Berücksichtigung in der Simulation finden.

Im Pre-Processing werden das geometrische Modell, welches aus den vernetzten Einzelteilgeometrien besteht, und das Prozessmodell (Input Deck, siehe Abbildung 5-1 Funktionsweise der aktiven Steuerung der geometrischen Qualitätsziele (globale Betrachtung)) erstellt. Das Input Deck enthält die Programmierung für den Solver und damit die genaue Beschreibung dessen, was berechnet werden soll; im Kontext dieser Arbeit sind dies die einzelnen Schritte des Fügeprozesses von Einzelteilen mittels Punktschweißverfahren. Zur Berechnung wird der SYSWELD Solver der ESI Group eingesetzt. Zur Realisierung einer Kopplung zwischen Berechnung und realem Fügeprozess muss das geometrische Modell mit realen Produktdaten verknüpft werden und das Prozessmodell (Input Deck) den realen Fügeprozess unter Einfluss der Fertigungsressource (Karosseriebauvorrichtung) widerspiegeln.

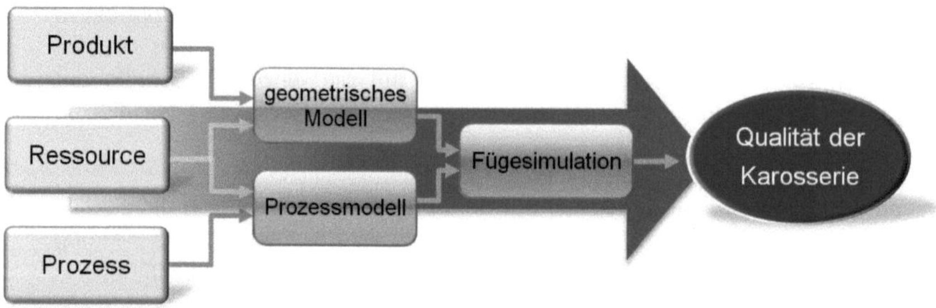

Abbildung 5-1 Funktionsweise der aktiven Steuerung der geometrischen Qualitätsziele (globale Betrachtung)

In Kapitel 4 wurde aufgezeigt, dass der Einsatz der Fügesimulation sowohl in der frühen Entwicklungsphase als auch in der Bauphase das Potential hat, zu einer sichereren Einhaltung der Projektziele beizutragen. Aus diesem Grund, und auch aus technischen Gründen im Zusammenhang mit der Vernetzung von Einzelteilgeometrien (welche in Kapitel 5.2.1 präzisiert werden), wird das geometrische Modell zunächst auf Basis von Konstruktionsdaten aufgebaut. Mit dem dazugehörigen Prozessmodell können in der

Konstruktionsphase somit systematische Einflüsse des Fügeprozesses auf die Maßhaltigkeit der Baugruppe ermittelt, analysiert und minimiert werden (siehe **Abbildung 5-2**).

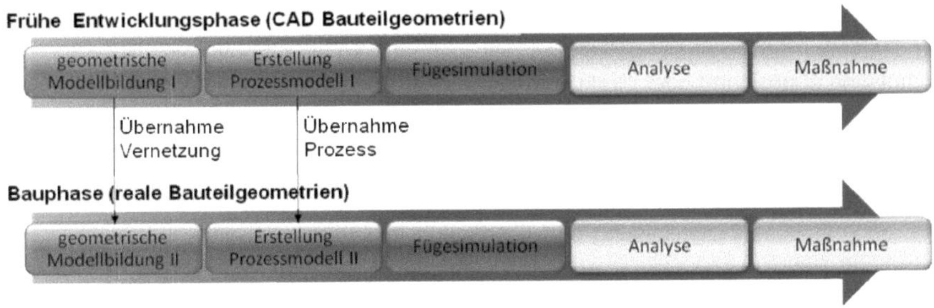

Abbildung 5-2 Funktionsweise der aktiven Steuerung der geometrischen Qualitätsziele (detaillierte Betrachtung)

Das Anfertigen des geometrischen Modells und des Input Decks zählen zu den zeitaufwändigsten Aufgaben im Rahmen einer FE-Analyse. Da der Simulationsbedarf insbesondere in der Produktionsphase sehr hoch ist, muss der Aufwand für das Pre-Processing möglichst gering gehalten werden. Um dies zu erreichen, werden das geometrische Modell und das Input Deck aus der Konstruktionsphase als Mastermodelle für die Bauphase herangezogen (Abbildung 5-2). Es muss also nicht für jeden neuen Satz an Einzelteilen eine Simulation komplett neu aufgebaut werden. Stattdessen wird das Netz aus dem geometrischen Mastermodell mittels Koordinatenverschiebung auf die Geometriedaten aus der optischen Vermessung übertragen. Im Input Deck sind im Allgemeinen nur die Vorhaltungen der Spannparameter anzupassen, da sich an der Abfolge des Fügeprozesses in der Regel nichts ändert. Mit dieser Vorgehensweise lässt sich der Modellierungsaufwand auf ein Minimum reduzieren (eine detaillierte Beschreibung des Vorgehens wird in Kapitel 5.2 vorgenommen).

Nach Abschluss des Pre-Processing erfolgt die Berechnung, welche als Ergebnis die Geometrie der gefertigten Baugruppe liefert. Im Post-Processing wird dieses Simulationsergebnis mit den Soll-Daten (Konstruktionsstand) verglichen und mithin die Maßabweichungen sichtbar gemacht. Damit stehen im Analyseprozess Erkenntnisse über die Maßabweichungen der Baugruppe bereits vor der realen Anfertigung der Baugruppe im Karosseriebau zur Verfügung. Ziel ist es nun, anhand dieses Wissensvorsprungs Maßnahmen zur Optimierung der Baugruppengeometrie zu definieren. Da die Einzelteile zur Erstellung der Baugruppe bereits vorliegen, stehen zwei Optionen für die Optimierung zur Verfügung:

- Änderungen an der Einzelteilgeometrie mittels manueller Nacharbeit
- Änderung in der Vorhaltung der Karosseriebauvorrichtung (Konfiguration der Aufnahme- und Spannelemente)

Die im Rahmen der Analyse definierten Maßnahmen können durch eine erneute Fügesimulation abgesichert oder direkt im realen Fügeprozess umgesetzt werden.

5.2 Simulation des Fügeprozesses mittels FEM

Wie in Kapitel 5.1 dargelegt, lässt sich die Erstellung des Simulationsmodells in zwei Schritte, geometrische Modellbildung und Erzeugung des Prozessmodells, unterteilen. Diese Schritte des Pre-Processing werden in den nachfolgenden beiden Abschnitten detailliert beschrieben.

5.2.1 Geometrische Modellbildung

Zunächst muss es ermöglicht werden, die Geometrie realer Einzelteile in die FE-Berechnung einzubringen. Stand der Technik ist die Berechnung von Einzelteilverzügen mit CAD-Daten oder den Geometriedaten aus einer Umformsimulation. Um die Korrekturmaßnahmen zur Optimierung der Baugruppenqualität aus einer Simulation richtig ableiten zu können, muss der errechnete mit dem real zu erwartenden Verzug möglichst gut übereinstimmen. Wie in Kapitel 4 gezeigt wurde, haben Formabweichungen der Einzelteile einen sehr großen Einfluss auf den Einzelteilverzug, daher kommen CAD-Daten als geometrische Basis für die aktive Steuerung nicht in Frage. Der zweite Ansatz, die Ergebnisgeometrie einer Umformsimulation als Eingangsinformation für die Fügesimulation heranzuziehen, ist, insbesondere unter dem Gesichtspunkt der Fortentwicklung einer durchgängigen virtuellen Prozesskette, eine naheliegende Option. Es gibt allerdings zwei schwerwiegende Argumente, die zum jetzigen Zeitpunkt gegen diese Lösung sprechen:

- Die Berechnung der Rückfederung im Rahmen der Einzelteilsimulation hat noch keinen sehr guten Qualitätsstand erreicht. Damit ist die zuverlässige Berechnung der Einzelteilgeometrie noch nicht gesichert.

- Streuungen der Einzelteile, die in der Herstellung beispielsweise durch Materialschwankungen verursacht werden, bleiben in der Umformsimulation unberücksichtigt. Diese Streuungen können im Karosseriebau jedoch zu relevanten Maßabweichungen führen.

Als weitere Quelle für die Geometriedaten bietet sich die optische Messtechnik an. Mittels optischer Messsysteme, wie beispielsweise von Perceptron oder GOM, können Oberflächen von Einzelteilen berührungslos digitalisiert werden. Statt einzelner Punkte (wie bei der taktilen Messtechnik) wird die Einzelteilgeometrie flächenhaft in einer hochauflösenden Punktewolke erfasst und als Polygonnetz gespeichert. Diese Geometriedaten können dann weiterverarbeitet und zum Aufbau eines geometrischen

Modells für eine FE-Analyse verwendet werden. Eine solche Kombination stellt eine neue, bisher nicht betrachtete Vorgehensweise dar.
Die Nutzung von optischen Messdaten als geometrische Basis für eine Fügesimulation hat den Vorteil, dass der Verzug einer Baugruppe für konkret vorliegende Einzelteile berechnet werden kann. Damit wird auch Streuungen der geometrischen Gestalt der Einzelteile Rechnung getragen.
Für die einzelnen Schritte der geometrischen Modellbildung, wie sie im Folgenden beschrieben werden, empfiehlt sich der Einsatz von Software welche die Modellerstellung unterstützt (Pre-Processing Software). Im Rahmen dieser Arbeit wird Visual Environment der ESI Group eingesetzt.

Vernetzung der Geometrie

Der Vernetzung der Einzelteile kommt für die Simulation eine große Bedeutung zu: Für eine schnelle und stabile Rechnung ist ein Modell mit einer guten Elementqualität Grundvoraussetzung (aspect ratio, Winkel, Kantenlängen, etc.). Dafür bedarf es aber einer geometrischen Basis, die von ebenso guter Beschaffenheit ist. Das Polygonnetz aus der optischen Messung ist zur Erstellung des Netzes für die FE-Berechnung weniger gut geeignet, da die Randbereiche und Features im Allgemeinen nicht den Ansprüchen einer möglichste kontinuierlichen Beschreibung genügen (siehe **Abbildung 5-3**). Wichtige Merkmale auf dem Einzelteil, wie beispielsweise der Mittelpunkt eines RPS-Loches, können zwar über spezielle Adapter exakt erfasst werden, die Vernetzung des Problembereichs über das Polygonnetz ist dennoch nicht ideal.

Abbildung 5-3 Gegenüberstellung: Qualität der Konstruktionsdaten (links) und Qualität des Polygonnetzes aus einer optischen Messung (rechts)

Eine andere Möglichkeit ist die geometrische Modellerstellung mittels der CAD-Daten. Dieses Vorgehen hat mehrere Vorzüge: Zum einen haben die Konstruktionsdaten die bestmögliche Beschaffenheit für die Vernetzung. Zum anderen sind die Daten frühzeitig verfügbar, d.h. das Modell kann schon während der Konstruktionsphase aufgebaut werden, noch bevor Einzelteile vorhanden und damit digitalisierbar sind. Das hat zudem den Vorteil, dass das Modell bereits in dieser frühen Entwicklungsphase zur Absicherung des Fügeprozesses herangezogen werden kann, wie es der Intention der aktiven Steuerung entspricht.

Die verschiedenen Möglichkeiten bei der geometrischen Modellierung eines Problemgebietes wurden in Kapitel 2.4.1 erläutert. Die Modelle, die im Rahmen dieser Arbeit aufgebaut werden, haben folgende Eigenschaften:

- Elementtyp: Schalenelemente
- Gittertyp: randangepasstes, strukturiertes Gitter, welches im Bereich der Schweißpunkte speziell modifiziert wird

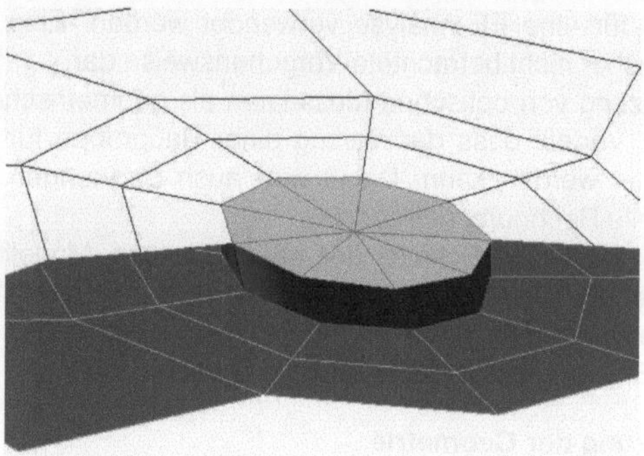

Abbildung 5-4 Spezielle Vernetzung im Bereich eines Schweißpunktes

Die Geometrien der Einzelteile werden im ersten Schritt einzeln automatisiert mit Dreiecks- und Viereckselementen vernetzt. Dabei ist zu beachten, dass durch die Konstruktionsdaten im Allgemeinen die Außenflächen der Einzelteile beschrieben sind. Da das geometrische Modell für die FE-Analyse aus Schalenelementen aufgebaut wird, muss aus den CAD-Daten zunächst die Mittelfläche bei halber Blechstärke über ein Offset erzeugt werden, welche nachfolgend vernetzt wird.

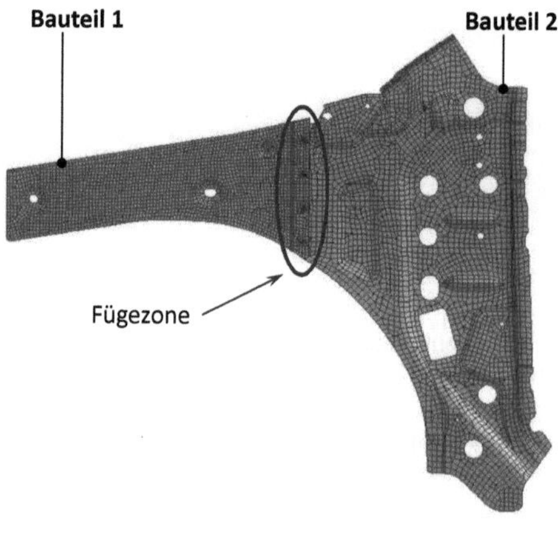

Abbildung 5-5 Beispiel vernetzter CAD-Daten

Das Netz im Bereich der Schweißpunkte muss manuell modelliert werden. Die Wärmeeinflusszone ist um den Schweißpunkt herum kreisförmig ausgebildet. Im geometrischen Modell wird im Bereich um den Schweißpunkt daher ein Radialnetz gebildet. Die spezielle Vernetzung ermöglicht eine bessere Auflösung des Schweißbereiches durch kleinere Kantenlängen der Elemente, womit eine genauere Übertragung der mechanischen Schrumpfkräfte in das Modell ermöglicht wird.
In **Abbildung 5-4** ist das Radialnetz im Bereich eines Schweißpunktes auf den gegenüberliegenden Mittelflächen zweier Einzelteile zu sehen. Der innere Zirkel (hier im oberen Einzelteil hellgrau) sollte dabei in etwa den Durchmesser der Schweißlinse haben.

Die Einzelteilgeometrien liegen nun einzeln vernetzt vor, mit angepasstem Radialnetz im Bereich der Schweißpunkte. Eine Verbindung zwischen den Teilen gibt es nicht. Während des Fügens werden die Einzelteile aber durch das Setzen der einzelnen Schweißpunkte Schritt für Schritt miteinander verbunden. Um diesen Prozess nachbilden zu können, werden die inneren Elemente der Radialnetze (hellgraue Elemente in Abbildung 5-4) der Einzelteile durch Viereckselemente verknüpft (schwarze

Elemente in Abbildung 5-4). Mit der Erstellung dieser als Fillets (Übergangselemente) bezeichneten Elemente ist die Vernetzung der CAD-Geometrie der Einzelteile abgeschlossen (**Abbildung 5-5**).

Definition von Teilen und Objekten

Die im Rahmen der Vernetzung erstellte diskrete Einzelteilgeometrie wird in einer ASCII-Datei (Format *.asc) abgespeichert. Diese enthält zum einen Informationen zu den Koordinaten der Knoten (Nodes) des Modells und zum anderen ist definiert, aus welchen Knoten die einzelnen Dreiecks- und Viereckselemente bestehen.

Die einzelnen Elemente sind wiederum zu verschiedenen Teilen zusammengefasst, je nachdem zu welcher Einzelteilgeometrie sie gehören. Dies ist notwendig, um den Elementen, die gemeinsam ein Einzelteil definieren, einheitliche Eigenschaften (wie beispielsweise Materialparameter, Blechdicke, etc.) zuweisen zu können. Zusätzlich zu den verschiedenen Einzelteilen sind im Bereich der Teile noch die Fillets als eine Einheit definiert.

Als nächster Schritt in der geometrischen Modellerstellung steht die Erzeugung von verschiedenen Objekten an. Als Objekte werden Knoten- oder Elementgruppen von Einzelteilen definiert, die im Rahmen der Modellierung des Zusammenbauprozesses bei der Programmierung des Input Decks spezielle Funktionen bzw. Randbedingungen zugewiesen bekommen. Der Fügeprozess von Einzelteilen mittels Punktschweißen kann in folgende Prozessbausteine aufgeteilt werden:

- Einzelteile in Vorrichtung positionieren
- Spannen (Einzelteile werden in diesem Bereich durch Spannelemente auf eine definierte Position gezwungen)
- Schweißzange schließen (Einzelteile werden in diesem Bereich mittels der Elektrodenkraft auf Kontakt gebracht)
- Schweißen
- Spanner öffnen

Um diese einzelnen Prozessbausteine nachbilden zu können, müssen in der Geometriedatei folgende Objekte definiert werden (Tabelle 5-1):

Aktion	notwendige Objekte
1. Einzelteile in Vorrichtung positionieren	- Knotengruppen, mittels derer die geometrischen Randbedingungen der einzelnen Einzelteile definiert werden (Bindung der Freiheitsgrade) - Kontaktelemente
2. Spanner schließen	- Knotengruppen, mittels derer zusätzliche geometrische Randbedingungen der einzelnen Einzelteile definiert werden (Spannstellen)
3. Schweißzange schließen	- Knotengruppen, auf welche die Einwirkung der Elektrodenkraft der Schweißzange definiert wird
4. Schweißen	- Elementgruppe, die nach Entfernung der Elektrodenkraft für den Zusammenhalt der Einzelteile an der Stelle des Schweißpunktes sorgt (Fillets) - Knotengruppe, welche die Schweißnaht bzw. die Schweißlinse repräsentiert
5. Spanner öffnen	- -

Tabelle 5-1 Prozessbausteine des Fügeprozesses und entsprechende Objekte im geometrischen Modell

Modellierung der Aufnahme- und Spannsituation

Um das Fügen von Einzelteilen realitätsnah simulieren zu können, muss die Modellierung der Aufnahme- und Spannsituation möglichst gut die Bedingungen der Karosseriebauvorrichtung abbilden. Prinzipiell stehen dazu drei verschiedene Vorgehensweisen zur Auswahl: /ROEREN et al.06.1/

- **Knotenfesthaltung:** Dies ist die einfachste Methode, bei der die ausgewählten Knoten entsprechend der Einwirkung der Positionier- und Spannelemente in einer oder mehreren Raumrichtungen in ihrer Bewegung komplett blockiert werden.

- **Federsteifigkeit:** Bei dieser Verfahrensweise wird den Knoten ein Widerstand gegen die Bewegung in eine oder mehrere Raumrichtungen zugewiesen. Der Modellierungsaufwand ist kaum höher als bei der Knotenfesthaltung. Der Widerstandswert wird erfahrungsbasiert vergeben und die Wirkung des Spanners beziehungsweise der Aufnahme müssen im Post Processing überprüft werden. Die Vorteile dieser Modellierung liegen unter anderem darin, dass der Lösungsprozess stabiler läuft, da die an den Knoten auftretenden Spitzenkräfte durch die nicht komplette Blockierung der Bewegung geringer ausfallen.

- **Modellierung der Positionierungseinheit als FE-Modell:** Eine weitere Möglichkeit ist es, die Geometrie der Aufnahme- und Spannelemente explizit im FE-Modell zu erstellen. Weiterhin ist die Integration der Kinematik der Spanner bei der Modellierung des Fügeprozesses erforderlich. Die Einwirkung des Spanners auf die Einzelteilgeometrie erfolgt über Kontaktelemente, welche die Spannkraft (F_Z in **Abbildung 5-6**) und die Reibkräfte (F_X und F_Y in Abbildung 5-6) von der Spanneinheit auf das Einzelteil übertragen.

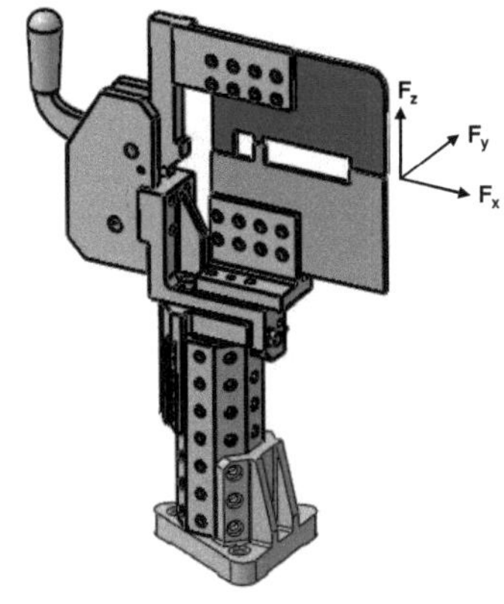

Abbildung 5-6 Spanneinheit: Übertragung der Spannkraft F_Z und der Reibkräfte F_X und F_Y

Die ersten beiden Methoden sind Ersatzmodelle zur Modellierung von Spannelementen: Dabei wird nicht der eigentliche Vorgang des Spannens durch Übertragung von Spannkräften simuliert, sondern nur dessen Auswirkung auf die Einzelteilgeometrie (Beeinflussung der Einzelteilgeometrie in einer Raumrichtung; in Abbildung 5-6 beispielsweise in Richtung der z-Achse).

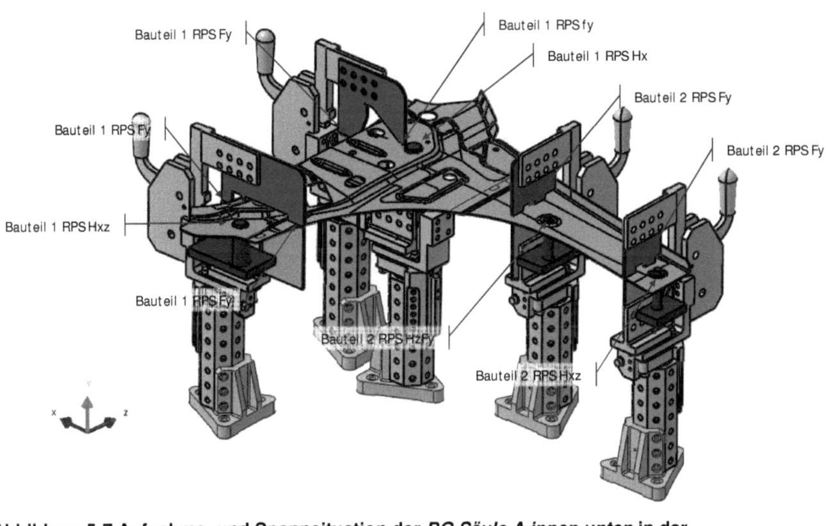

Abbildung 5-7 Aufnahme- und Spannsituation der *BG Säule A innen unten* in der Karosseriebauvorrichtung

Im Rahmen des Forschungsclusters „Anwendungsnahe Schweisssimulation komplexer Strukturen" wurden vom Institut für Werkzeugmaschinen und Betriebswissenschaften (iwb) der TU München die verschieden Modellierungsansätze zur Abbildung von Einspannungen untersucht. Bei einer vergleichenden Betrachtung zeigte die Modellierung der Einzelteillagerung mittels Zuweisung von Federsteifigkeiten die beste Übereinstimmung im Realitätsabgleich, bei gleichzeitig geringem Aufwand im Pre-Processing. Der Nutzen eines erhöhten Modellierungsaufwandes für eine detaillierte Spanneinheit mit Kontaktbedingung und Reibung wurde als unzureichend und fraglich eingestuft. /LUTZMANN.10/

zunehmende Modellkomplexität ↓

Methode	Modellierungsaufwand	Genauigkeit/ Realitätsnähe
Knotenfesthaltung	gering	fehlerhafte Ergebnisse möglich
Federsteifigkeit	gering	gut, wenn der Werkstoff im Spannbereich nicht plastisch verformt wird
Detaillierte Modellierung der Spanneinheiten	sehr hoch	gute Ergebnisse

Die Methode der Federsteifigkeit wurde auch bei den Versuchsumfängen, die im Rahmen dieser Arbeit durchgeführt wurden, eingesetzt. In **Abbildung 5-7** ist die reale Aufnahme- und Spannsituation zweier Einzelteile zu sehen. Neben den Hauptreferenzpunkten zur Definition der sechs Freiheitsgrade sind noch einige Nebenspannstellen zur Stabilisierung der Lagerung während des Fügeprozesses vorgesehen.

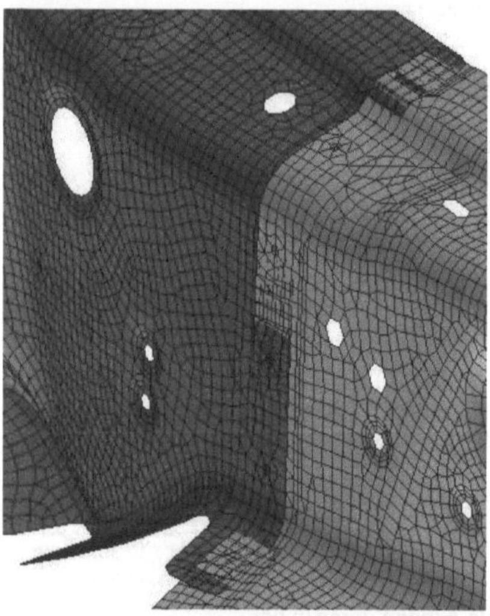

Abbildung 5-8 Durchdringung zweier Einzelteile nach der Ausrichtung

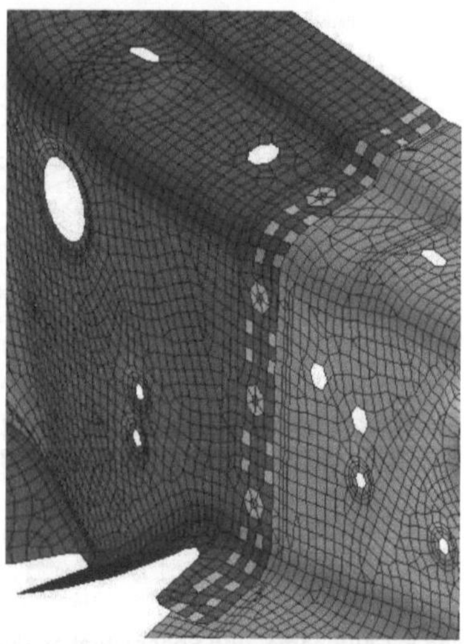

Abbildung 5-9 Auswahl der Kontaktelemente (gelb) im Flanschbereich zweier Einzelteile

Zur Nachbildung der Lagerbedingungen für die FE-Analyse mit der Methode der Federsteifigkeiten werden in den Bereichen des Einzelteils, in denen

Positionierungselemente der Vorrichtung einwirken, entsprechende Knotengruppen definiert. Die **Abbildung 5-10** zeigt das geometrische Modell für die FE-Analyse der beiden Einzelteile. Durch die roten Kugeln sind die Knotengruppen repräsentiert, die zur Nachbildung der Lagerbedingungen aus Abbildung 5-7 ausgewählt wurden. Diesen Knotengruppen werden bei der Modellierung des Fügeprozesses Randbedingungen zugewiesen (Knotensteifigkeiten, siehe Abschnitt 5.2.2).

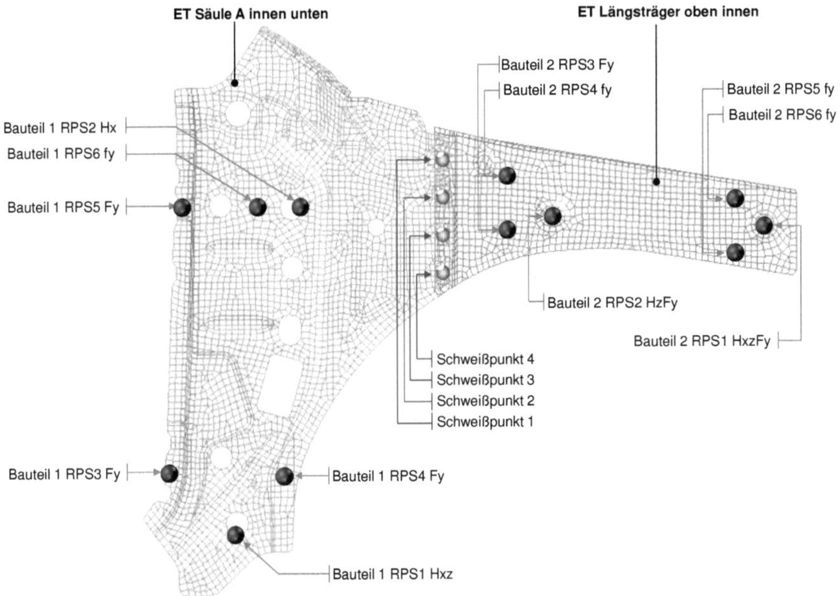

Abbildung 5-10 ***BG Säule A innen unten*****: Aufnahme- und Spannpunkte sowie Schweißpunkte**

Kontaktelemente

Die Einbindung von realen Einzelteilgeometrien in eine Fügesimulation führt zu Herausforderungen, die bei Verwendung von CAD-Daten nicht auftreten. Wie in diesem Kapitel bereits beschrieben wurde, werden die Einzelteilgeometrien im Rahmen des Pre-Processing über ihre Hauptreferenzpunkte zu den korrespondierenden Referenzpunkten der Karosseriebauvorrichtung ausgerichtet. Die Geometrie der Einzelteile wird dabei zunächst nicht beeinflusst. Durch Abweichungen in der geometrischen Gestalt der Einzelteile kann es in Folge ihrer Ausrichtung zu Durchdringungen kommen (siehe **Abbildung 5-8**). Dies liegt daran, dass sich die einzelnen Geometrien nicht erkennen und der Fall eines Kontaktes bzw. einer Durchdringung nicht festgestellt wird.

Das geometrische Modell muss daher so präpariert werden, dass bei der späteren Berechnung des Fügeprozesses keine Durchdringung der Teile mehr möglich ist. Zu diesem Zweck werden im Modell Kontaktelemente in gegenüberliegenden Bereichen der einzelnen Teile definiert (**Abbildung 5-9**). Bei diesen Elementen wird zu jedem

Berechnungsschritt geprüft, ob der definierte Mindestabstand (im Rahmen der diskutierten Problemstellung ist dies die Summe der halben Blechdicken der entsprechenden Einzelteile) eingehalten wird. Es sollte beachtet werden, dass die Prüfung der Kontaktbedingung sehr aufwändig ist (siehe auch Kapitel 2.4.4); daher ist es weniger zielführend, großflächige Bereiche von Teilen als Kontaktzone zu definieren, da die Berechnungszeit des Fügeprozesses dadurch deutlich ansteigt.

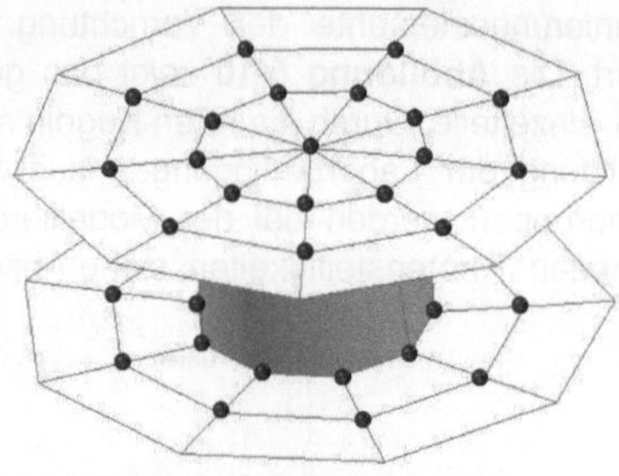

Abbildung 5-12 Auswahl der Knoten für die Einwirkung der Elektrodenkraft

Abbildung 5-9 zeigt den Flanschbereich zweier Einzelteile mit den gelb markierten Kontaktelementen des roten Einzelteils. Analog zu diesen sind Kontaktelemente im grünen Einzelteil ausgewählt. Wie zu sehen ist, wurden die Elemente der Radialnetze um die Schweißpunkte als Kontaktelemente definiert. Dies ist sinnvoll, da die beiden Teile im Laufe des Fügeprozesses an dieser Stelle durch die Elektrodenkraft der Schweißzange gezielt auf Kontakt gebracht werden.

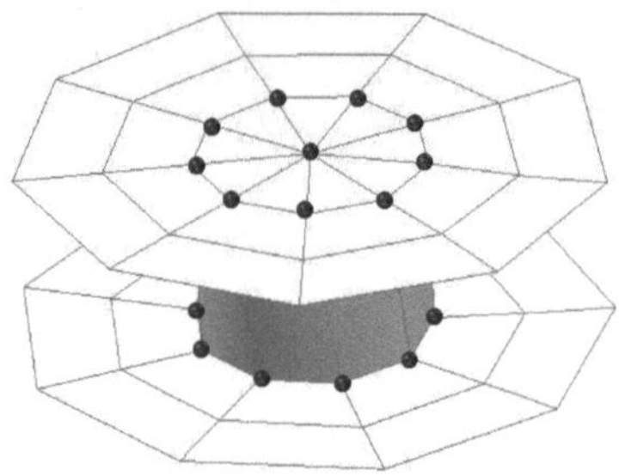

Abbildung 5-11 Auswahl der Knoten für die Einwirkung der Schrumpfkraft

Einwirkung der Elektrodenkraft

Aufgrund von schwankenden Spaltverläufen zwischen Einzelteilen mit maßlichen Abweichungen, muss vor der Berechnung des Schweißverzuges sichergestellt sein, dass die Bleche an der Schweißstelle auch auf Kontakt sind. In der Realität wird dies durch die Elektrodenkraft der Schweißzange gewährleistet. In der Berechnung werden die Teile durch zwei entgegengesetzt, normal zur jeweiligen Einzelteilgeometrie wirkenden Kräfte zusammengedrückt. Zum Angreifen der Kräfte müssen im Bereich des Schweißpunktes auf beiden Einzelteilen separat entsprechende Knotengruppen definiert sein. In **Abbildung 5-12** sind die Radialnetze im Schweißpunktbereich zweier Einzelteile sowie das Fillet zwischen diesen Teilen zu sehen. Die markierten Knoten stellen eine mögliche Definition der Knotengruppen dar.

Fillets

Um nach dem Setzen eines Schweißpunktes den Zusammenhalt der Einzelteilgeometrien an dieser Stelle realisieren zu können, wurden im Rahmen der Vernetzung sogenannte Übergangselemente (Fillets) an der Position des Schweißpunktes zwischen den Teilen erstellt. Die Elemente der Fillets aller Schweißpunkte wurden neben den Elementen der Einzelteilgeometrien als zusätzliche separate Komponenten definiert. Da im Fügeprozess aber nicht alle Schweißpunkte gleichzeitig gesetzt werden, müssen auch die Fillets der einzelnen Schweißpunkte bei der Modellierung des Fügeprozesses separat ansteuerbar sein. Um dies zu ermöglichen, werden die Übergangselemente eines Schweißpunktes jeweils als ein Objekt definiert.

Schweißlinse

Für die Gruppen der Schweißpunkte werden die Knoten ausgewählt, die sich in der Schmelzzone befinden (**Abbildung 5-11**). Für diese Knoten werden über die Wärmeausdehnungskoeffizienten der verwendeten Materialien die durch die Schweißung entstehenden Schrumpfkräfte ermittelt und als veränderte Randbedingungen in die Berechnung eingebracht. Als Folge der lokal eingebrachten Schrumpfkräfte muss für das Modell ein neues Gleichgewicht berechnet werden, was global zu elastischen Verformungen, dem Schweißverzug, führt.

Struktur der ASCII-Datei

Nach der Definition der Objekte ist die geometrische Modellbildung abgeschlossen. Das Modell, in welchem alle geometrischen Informationen gespeichert sind, kann als ASCII-Datei abgespeichert werden und hat nachfolgende Struktur:

```
BEGIN_NODES
2119 0 0 0 0 0 2467.5730 -351.6766 1086.9435                   Definition der Knoten
2120 0 0 0 0 0 2464.5357 -345.3583 1089.1344                   über die Koordinaten
2121 0 0 0 0 0 2467.8488 -348.7011 1089.0097                   im Raum
⋮
END_NODES
BEGIN_ELEMENTS
1794 2004 0 0 0 2121 2120 2440 2119                            Definition der
1795 2004 0 0 0 2123 2121 2119 2122                            Elemente mittels drei
1796 2004 0 0 0 2126 2125 2124 2123                            Knoten (Dreicke) bzw.
⋮                                                              vier Knoten
13505 2003 0 0 0 3531 3532 3554                                (Vierecke)
13508 2003 0 0 0 3542 3565 3564
⋮
END_ELEMENTS
BEGIN_GROUPS
1 8U0.817.623 2 0 "PART_ID 10001" 13296 13297 13299 13300 …    Definition der Teile
2 8U0.810.197 2 0 "PART_ID 10002" 13883 13888 13889 13890 …    über Elementnummern
3 8U0.810.549 2 0 "PART_ID 10003" 12950 12952 12956 12957 …
⋮                                                              Definition aller
7 WP-CONNECT 2 0 "PART_ID 501" 36 37 38 39 12939 40 41 …       Fillets zu einem Teil
⋮
11 FILLET_210_A01_0001_LR_001 2 0 "COLLECTOR_ID 11" 7 193 9 …  Definition der
12 FILLET_210_A01_0002_LR_001 2 0 "COLLECTOR_ID 12" 20 21 22 … Fillets einzeln als
13 FILLET_210_A01_0003_LR_001 2 0 "COLLECTOR_ID 13" 27 1935 …  Objekte
⋮
24 210_A01_0001_LR 1 0 "COLLECTOR_ID 24" 14784 14870 14871 …   Definition der Knoten
25 210_A01_0002_LR 1 0 "COLLECTOR_ID 25" 14757 14758 14827 …   in der Schmelzzone
26 210_A01_0003_LR 1 0 "COLLECTOR_ID 26" 14743 14745 14746 …   als Objekte
⋮
100 BT_1_210_A03_0001_LR 1 0 "COLLECTOR_ID 100" 14351 14352 …  Definition von Knoten
101 BT_1_210_A03_0002_LR 1 0 "COLLECTOR_ID 101" 14366 14368 …  zur Einwirkung der
102 BT_1_210_A03_0003_LR 1 0 "COLLECTOR_ID 102" 14384 14385 …  Elektrodenkraft als
103 BT_1_210_A03_0004_LR 1 0 "COLLECTOR_ID 103" 14402 14403 …  Objekte
⋮
192 BT_1_2_CONTACT 2 14 "COLLECTOR_ID 192"  12466 12467 …      Definition von
193 BT_2_1_CONTACT 2 14 "COLLECTOR_ID 193"  5215 5218 5221 …   Elementen im
194 BT_2_3_CONTACT 2 14 "COLLECTOR_ID 194"  12638 12637 …      Flanschbereich als
195 BT_3_2_CONTACT 2 14 "COLLECTOR_ID 195"  12696 12697 …      Kontaktzonen
⋮
268 BT_1_RPS_1_HXZ 1 14 "COLLECTOR_ID 268" 4457                Definition von
269 BT_1_RPS_2_HZ 1 14 "COLLECTOR_ID 269" 4505                 Objekten für die
270 BT_1_RPS_3 FY 14 "COLLECTOR_ID 270"  4881                  Aufnahme- und
⋮                                                              Spannbedingungen
281 BT_3_RPS_1_HXY 1 14 "COLLECTOR_ID 281" 14348               (Referenzpunkte)
282 BT_3_RPS_2_HX 1 14 "COLLECTOR_ID 282" 434
283 BT_3_RPS_3_FZ 1 14 "COLLECTOR_ID 283" 1310
⋮
END_GROUPS
```

Integration realer Einzelteilgeometrien

Mit der Durchführung der Vernetzung der CAD-Geometrien und der Definition von Teilen und Objekten ist das geometrische Modell mit CAD-Einzelteilgeometrien komplett. Dieses Modell kann beispielsweise zur Absicherung und Optimierung des Aufnahme- und Spannplans in der Konstruktionsphase herangezogen werden (vgl. Kapitel 4).

Im Rahmen der aktiven Steuerung des Karosseriebaus sollen aber reale Einzelteilgeometrien anstatt der CAD-Daten in die Simulation integriert werden. Zu diesem Zweck ist eine Übertragung des geometrischen Modells auf die optischen Messdaten notwendig. Dazu werden zunächst die Messdaten(Format *.stl) in der Pre-Processing Software zu den zuvor vernetzten Einzelteilen geladen. Es ist zu beachten, dass durch die Messdaten die Außenfläche der Einzelteile beschrieben wird, die CAD-Daten aber auf der Mittelfläche vernetzt sind. Deshalb muss von den vermessenen Einzelteilen zunächst ein Offset mit halber Materialstärke erzeugt werden. Danach ergibt sich ein Bild wie in **Abbildung 5-14** zu sehen ist: Rot ist das Netz der CAD-Einzelteilgeometrien markiert, grau sind die Messdaten. Die Formabweichungen der realen Einzelteile im Vergleich zum roten Netz sind gut zu erkennen. Die Angleichung des CAD-Netzes an die reale Einzelteilgeometrie erfolgt durch eine Projektion der Knoten des CAD-Modells entlang einer Normalen auf die Fläche der Messdaten. Diese Projektion kann ebenfalls in der Software zur geometrischen Modellerstellung durchgeführt werden und dauert nur wenige Sekunden. Als Ergebnis erhält man die Qualität des Netzes aus Abbildung 5-5 in Form der durch die Messung erfassten Geometrie. Legt man die Messdaten mit diesem Netz übereinander (wie in **Abbildung 5-13** zu sehen), so wird ersichtlich, dass beide die gleiche Geometrie beschreiben.

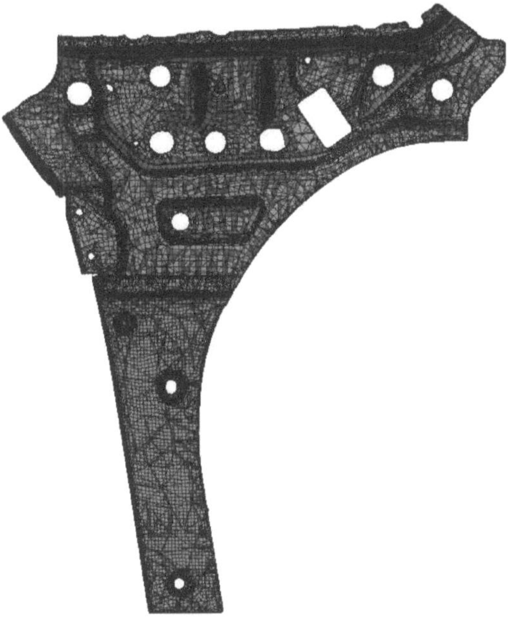

Abbildung 5-13 Vergleich Netz des Mastermodelles nach der Projektion (rot) auf die vermessenen Geometrien der Einzelteile (grau)

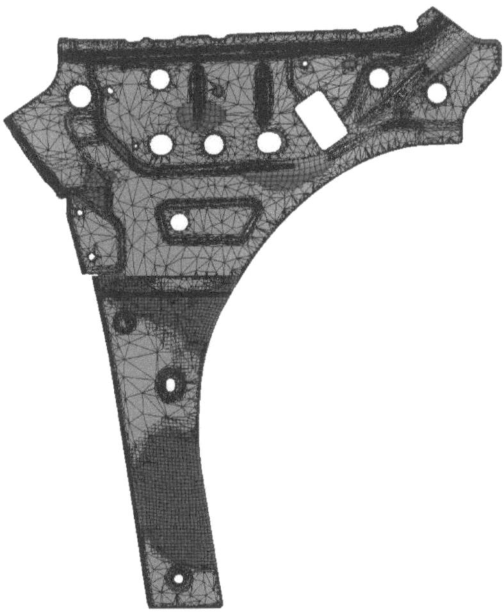

Abbildung 5-14 Vergleich vernetzte CAD-Geometrie (rot) und reale Messdaten der Einzelteile (grau)

Ausrichtung der Geometriedaten
Im letzten Schritt der geometrischen Modellbildung müssen die Einzelteilgeometrien ausgerichtet werden. Nach der Übertragung der Vernetzungen auf die realen Einzelteilgeometrien befinden sich diese in Fahrzeuglage, d.h. ihre Koordinaten entsprechen dem Verbauort in der Karosserie bezogen auf das Fahrzeugkoordinatensystem (siehe Kapitel 2.1). Zum Fügen ist aber die Ausrichtung der Teile in der Karosseriebauvorrichtung entscheidend. Dazu muss zunächst die Vorrichtung vermessen werden, um die Koordinaten der Ausrichtelemente zu ermitteln. Über die sechs Freiheitsgrade werden die Einzelteile mit Unterstützung durch die Pre-Processing Software dann zu den Ausrichtelementen der Vorrichtung positioniert. Die Stützstellen bleiben beim Ausrichten im Pre-Processing unberücksichtigt, da die überbestimmte Lagerung im Allgemeinen nur durch eine Verformung der Teile realisierbar ist. Eine Verformung der Netze unter Berücksichtigung der entstehenden Spannungen ist im Pre-Processing nicht möglich. Die zusätzlichen Spannstellen werden daher im Rahmen der Modellierung des Prozessmodells mit einbezogen und finden so Berücksichtigung bei der Simulation des Fügeprozesses.

5.2.2 Modellierung des Prozessmodells

Die zweite Hälfte des Pre-Processing einer Fügesimulation besteht aus der Modellierung des Prozessmodells im Rahmen der Erstellung des Input Decks. Wie bereits im Abschnitt der geometrischen Modellierung angesprochen, lässt sich der Fügeprozess in folgende Prozessbausteine gliedern:

- Einzelteile in Vorrichtung positionieren
- Spannen
- Schweißzange schließen
- Schweißen
- Spanner öffnen

Die für die einzelnen Aktionen notwendigen Objekte wurden im geometrischen Modell definiert, nun müssen die einzelnen Prozessschritte programmiert werden. Im Input Deck werden die dafür notwendigen Randbedingungen eines jeden Zeitschrittes für die Berechnung festgelegt.

Werkstoffkennwerte
Um zu wirklichkeitsnahen Ergebnissen bei der Berechnung des Einzelteilverzugs zu kommen, müssen den Einzelteilen realistische Werkstoffkennwerte zugewiesen werden. Da die ständige Erfassung von Materialdaten aktuell verwendeten Rohmaterials zu aufwändig und teuer ist, muss mit Standardwerten gerechnet werden. Damit bleiben Streuungen von Eigenschaften des Halbzeugs, ebenso wie bei der Umformsimulation, unberücksichtigt. Da bei der im Rahmen dieser Arbeit vorgestellten aktiven Steuerung reale Geometriedaten von Einzelteilen als Basis für das geometrische Modell dienen, finden die Auswirkungen von Materialstreuungen auf den Herstellungsprozess des Einzelteils in der Fügesimulation allerdings Berücksichtigung.
Die für die Fügesimulation benötigten Werkstoffkennwerte sind:

- E-Modul (E)
- Streckgrenze (yield)
- Fließkurve
- Poissonzahl (NU)
- Wärmeausdehnungskoeffizient α
- Schmelzpunkt

Eine Anisotropie des Werkstoffs sowie Einflüsse des Umformprozesses auf Werkstoffkennwerte werden dabei nicht berücksichtigt.
Den Einzelteilen werden im Input Deck die Werkstoffkennwerte wie folgt zugewiesen:

```
MATERIAL PROPERTIES
 ELEMENTS GROUP $8U0.809.095$ / E=210000  NU=0.3 LX=LY=LZ=0.00001210
       YIELD=183.00 SLOPE=-1001 H=1.8
 ELEMENTS GROUP $8U0.810.197$ / E=210000  NU=0.3 LX=LY=LZ=0.00001210
       YIELD=145.00 SLOPE=-1002 H=0.7
 ELEMENTS GROUP $8U0.810.549$ / E=206000  NU=0.3 LX=LY=LZ=0.00001210
       YIELD=262.00 SLOPE=-1003 H=1.2

TABLE
   1001                           1002                           1003
       0.0000     183.00             0.0000     145.00             0.0000     262.000
       0.0100     229.01             0.0100     176.59             0.0198     307.000
       0.0200     261.79             0.0200     210.15             0.0392     351.000
       0.0300     283.10             0.0300     232.66             0.0583     383.000
       0.0400     299.26             0.0400     250.08             0.0770     406.000
       0.0500     312.43             0.0500     264.49             0.0953     423.000
       0.0750     337.86             0.0750     292.82             0.1044     431.000
       0.1000     357.15             0.1000     314.75             0.1570     467.000
       0.2000     408.28             0.1500     348.00             0.2000     490.067
       0.3000     441.51             0.2000     374.56             0.3000     532.821
       0.4000     466.71             0.3000     414.69             0.4000     566.270
       0.5000     487.26             0.4000     445.74             0.5000     593.968
       0.6000     504.71             0.5000     471.42             0.6000     617.727
       0.7000     519.95             0.6000     493.49             0.7000     638.605
       0.8000     533.52             0.7000     512.96             0.8000     657.275
       0.9000     545.79             0.8000     530.44             0.9000     674.194
       1.0000     557.00             0.9000     546.36             1.0000     689.689
                                     1.0000     561.00
```

Das Fügen von Einzelteilen im Karosseriebau spielt sich im Allgemeinen im linear elastischen Werkstoffbereich ab, d.h. die Spannungen, die durch das Einspannen sowie das Zusammenpressen der Einzelteile im Flanschbereich entstehen, erreichen in der Regel nicht die Streckgrenze des Materials. Die maximale Spannung im Querschnitt berechnet sich (bei einer reinen Biegung) zu

$$\sigma_{\max} = \frac{M}{W}, \tag{5.1}$$

wobei M das Biegemoment und W das Widerstandsmoment ist. Im Biegemoment ist die Kraft enthalten, die beispielsweise notwendig ist, um den Spalt zwischen den Einzelteilen im Flanschbereich zu schließen. Das Widerstandsmoment ist eine geometrische Größe und spiegelt den Widerstand eines Körpers mit gegebenem Querschnitt (Geometrie) gegen Biegung und Torsion wieder.
Für die Fügesimulation wichtige Werkstoffkennwerte sind also vornehmlich das E-Modul, zur Berechnung des Einzelteilverhaltens im elastischen Bereich, sowie der

Schmelzpunkt und der Wärmeausdehnungskoeffizient, zur Berechnung des Schweißverzuges.

Einzelteile positionieren

Im letzten Schritt der geometrischen Modellbildung wurden die Einzelteilgeometrien zwar bereits zu den Ausrichtelementen der Karosseriebauvorrichtung positioniert, dabei kann es allerdings, wie zuvor beschrieben, zu Durchdringungen insbesondere in den Flanschbereichen der Einzelteile kommen (siehe Abbildung 5-8). Dies liegt daran, dass bei der geometrischen Modellerstellung kein Kontakt zwischen einzelnen Einzelteilen erkannt wird. Daher wird im Input Deck zu Beginn der Berechnung ein Zeitschritt eingebaut, in welchem das Einlegen der Teile simuliert wird. Dazu werden die Einzelteile zunächst durch Koordinatenmodifikation auf ausreichenden Abstand gebracht (**Abbildung 5-15**). Danach werden die Kontaktelemente aktiviert und die Einzelteile mittels translatorischer Bewegung über eine lineare Zeitfunktion auf ihre ursprüngliche Position zurückgefahren (**Abbildung 5-16**).
Wird infolge der Einzelteilbewegung der Mindestabstand (dieser ist die Summe der halben Blechdicken der Einzelteile) zwischen zwei Einzelteilen im Bereich der Kontaktelemente unterschritten, so wird die weitere Bewegung der Einzelteile in diesem Bereich blockiert. Da die Einzelteile aber über die Bewegungsfunktionen solange weiter verschoben werden, bis sie die ursprüngliche Position erreicht haben, bauen sich im Bereich um die Kontaktstelle herum Spannungen auf, die letztlich zu einer (elastischen) Verformung der Einzelteile führen. Diese Vorgehensweise bildet die Effekte beim Einlegen der Teile in die Karosseriebauvorrichtung realistisch ab.

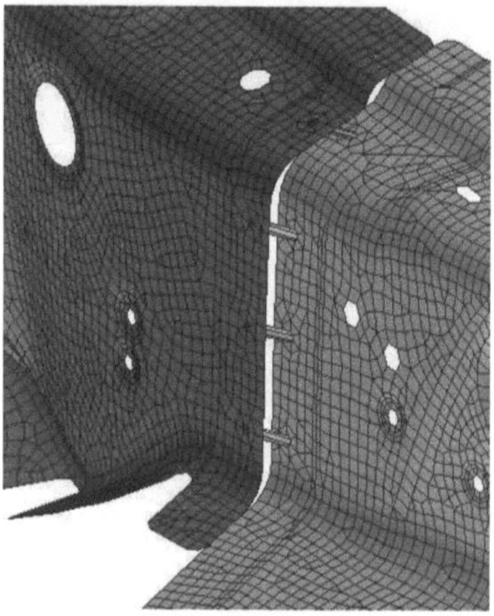

Abbildung 5-15 Nachbildung des Einlegevorgangs der Einzelteile Schritt I: Einzelteile auf Abstand

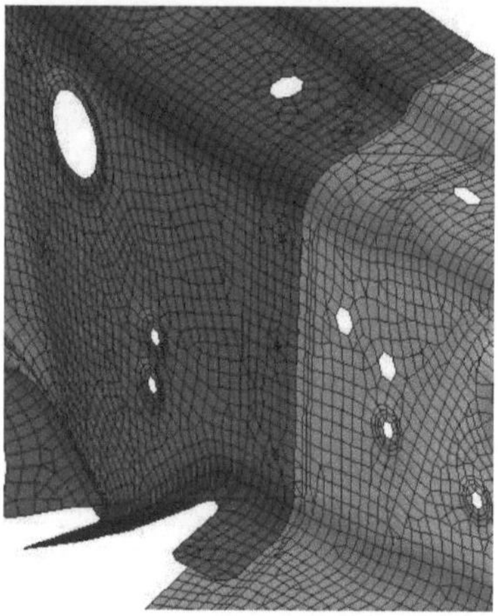

Abbildung 5-16 Schritt II: Einzelteile auf Kontakt ohne Durchdringung

Spannen

Nachdem die Einzelteile korrekt positioniert wurden, erfolgt die Einbeziehung der Spannstellen (Stützstellen) in die Einzelteilpositionierung. Bisher ist die Lage der Geometrien rein über ihre sechs Freiheitsgrade bestimmt.

Wie im Abschnitt 5.2.1 erläutert, wird zur Modellierung der Aufnahme- und Spannsituation die Methode der Federsteifigkeiten verwendet. Dazu wurden in den Bereichen, in denen Positionierungs- oder Spannelemente auf die Einzelteilgeometrie einwirken, entsprechende Knotengruppen gebildet. Diesen wird nun im Definitionsbereich der Randbedingungen (Constraints) des Input-Decks eine Federsteifigkeit in Wirkrichtung der Aufnahme- und Spannelemente zugewiesen:

```
CONSTRAINTS
 NODES GROUP $BT_RPS1_HXZ$ / KX KZ 1000
 NODES GROUP $BT_RPS2_HX$ / KX 1000
 NODES GROUP $BT_RPS3_FY$ / KY 1000
 NODES GROUP $BT_RPS4_FY$ / KY 1000
 NODES GROUP $BT_RPS5_FY$ / KY 1000
 NODES GROUP $BT_RPS6_fy$ / KY 1000
 NODES GROUP $BT_RPS7_fy$ / KY 1000
 NODES GROUP $BT_RPS8_fy$ / KY 1000
```

Der Betrag der Federsteifigkeit von 1000 N/mm^2 wurde erfahrungsbasiert ausgewählt. Ist die Federsteifigkeit zu groß, büßt man den Vorteil dieser Methode zur Dämpfung von Spitzenspannungen ein. Ist sie zu gering, geht die Wirkung des Aufnahme- oder Spannpunktes verloren.

Die Einzelteilgeometrie wurde durch die obige Definition an den Spannpunkten aber noch nicht verändert. Um das Teil auf die richtige Position zu spannen, müssen zunächst die entsprechenden Vorhaltungen aus der Karosseriebauvorrichtung ermittelt und den Knoten zugewiesen werden:

```
PREDEFORMATION
 NODES GROUP $BT_RPS6_fy$ / UY -0.3
 NODES GROUP $BT_RPS7_fy$ / UY +0.7
 NODES GROUP $BT_RPS8_fy$ / UY +0.5
```

Nach Berechnung der ersten drei Zeitschritte (Einzelteile auseinanderfahren, positionieren und spannen) unterliegen die Einzelteile in der Simulation den realistischen Bedingungen zur Durchführung des Fügeprozesses.

Schweißzange schließen und Schweißpunkt setzen

In den folgenden Zeitschritten werden nun gemäß der definierten Schweißabfolge nacheinander die Verbindungen zwischen den Einzelteilen aktiviert. Dies geschieht über jeweils zwei Zeitschritte: Zunächst muss der Spalt zwischen den Einzelteilen geschlossen und im zweiten Zeitschritt der Schweißpunkt gesetzt werden.

Das Zusammenpressen der Bleche wird durch die Einwirkung entgegengesetzt gerichteter Kräfte normal zur Einzelteiloberfläche an der Stelle des Schweißpunktes realisiert. Daher wird zu den Elektrodenkräften ein lokales Koordinatensystem im Bereich des Schweißpunktes definiert, dessen x-Achse normal und dessen y- sowie z-Achse tangential zur Geometrie an der Position des Schweißpunktes ausgerichtet ist:

```
PREDEFORMATION
 NODES GROUP $BT_1_210_A03_0002_LR$ / FX=-50  XX=2310.95  YY=-592.305  ZZ=1072.59
      XA=2311.24  YA=-592.40  ZA=1073.54  XB=2315.54  YB=-593.534  ZB=1071.06
 NODES GROUP $BT_2_210_A03_0002_LR$ / FX=50  XX=2310.95  YY=-592.305  ZZ=1072.59
      XA=2311.24  YA=-592.40  ZA=1073.54  XB=2315.54  YB=-593.534  ZB=1071.06
```

Die an dieser Stelle definierten Kräfte müssen groß genug gewählt werden, um den Spalt zwischen den Einzelteilen zu schließen. Zu große Kräfte können andererseits aufgrund der entstehenden Spannungen zu einer Destabilisierung der Berechnung führen.
Sind die Einzelteile im Bereich des Schweißpunktes auf Kontakt, wird im nächsten Zeitschritt das entsprechende Fillet durch die Definition seiner Materialeigenschaften aktiviert. An dieser Stelle wird angenommen, dass das Fillet die Materialeigenschaften eines Einzelteiles hat; eine weitere Differenzierung findet nicht statt.

```
MATERIAL PROPERTIES
 ELEMENTS GROUP $FILLET_210_A03_0002_LR_001$ / E=210000  NU=0.3 LX=LY=LZ=0.00001210
      YIELD=183.00 SLOPE=-1001 H=0.5
```

Damit ist auch nach Wegnahme der Elektrodenkräfte der Zusammenhalt der Einzelteile an dieser Stelle garantiert.
Als nächstes wird der thermische Schweißverzug berücksichtigt. Zur Berechnung des Verzuges wurde im Rahmen der vorliegenden Arbeit ein mechanisches Ersatzmodell eingesetzt. Dabei werden die Knoten rund um die Schweißlinse von der Schmelztemperatur des Werkstoffs auf Raumtemperatur abgekühlt. Über den Wärmeausdehnungskoeffizienten α werden die durch die Schweißung entstehenden Schrumpfkräfte ermittelt und als veränderte Randbedingungen in die Berechnung eingebracht. Als Folge der lokal eingebrachten Kräfte muss für das Modell ein neues Gleichgewicht berechnet werden, was global zu elastischen Verformungen, dem Schweißverzug, führt.

```
LOAD
 NODES GROUP $210_A03_0002_LR$ / TT -1530.0
```

Damit ist der Punktschweißprozess für die Fügesimulation vollständig definiert.

Spanner öffnen
Sind alle Schweißpunkte gesetzt, so erfolgt im letzten Zeitschritt das Öffnen der Spanner. Durch das Spannen und Fügen der Einzelteile werden Spannungen in die Baugruppe eingetragen. Werden die Spannelemente geöffnet, kommt es zu einem Rücksprung der Baugruppengeometrie, da sich aufgrund des Wegfalles von Randbedingungen ein neuer Gleichgewichtszustand der Spannungen ausbildet.
Um eine Vergleichbarkeit von Mess- und Simulationsergebnissen zu gewährleisten, muss die Baugruppe im letzten Zeitschritt so gelagert werden, wie die Baugruppe real in der Messvorrichtung positioniert wird. Die Lagerung über die Hauptreferenzpunkte der Einzelteile würde zu einer überbestimmten Lagerung der Baugruppe führen. Da die Einzelteile nach dem Fügeprozess eine Einheit bilden, ist die Definition eines übergeordneten, auf die Geometrie der gesamten Baugruppe bezogenen Referenzpunktsystems notwendig.

Struktur des Input Decks

Mit dem Öffnen der Spanner im letzten Zeitschritt und der Lagerung der Baugruppe analog zur Messaufnahme ist die Programmierung des Input Decks abgeschlossen. Ein Zeitschritt im Input Deck ist dabei wie folgt definiert:

```
DEFINITION
 CALCULATION Step x / X
MATERIAL PROPERTIES
 ELEMENTS GROUP $8U0.809.095$ / E=210000  NU=0.3                    Definition der
   LX=LY=LZ=0.00001210 YIELD=183.00 SLOPE=-1001 H=1.8               Materialeigenschaften
 ELEMENTS GROUP $8U0.810.197$ / E=210000  NU=0.3                    der verschiedenen
   LX=LY=LZ=0.00001210 YIELD=145.00 SLOPE=-1002 H=0.7               Teile und Objekte
 ELEMENTS GROUP $8U0.810.549$ / E=206000  NU=0.3
   LX=LY=LZ=0.00001210 YIELD=262.00 SLOPE=-1003 H=1.2
 ELEMENTS GROUP $FILLET_210_A03_0002_LR_001$ / E=210000
   NU=0.3 LX=LY=LZ=0.00001210 YIELD=183.00 SLOPE=-1001 H=0.5

MEDIUM
 INTERFACE / CONTACT=$8U0.809.095$ TARGET=$8U0.810.197$             Aktivierung der
 INTERFACE / CONTACT=$8U0.810.197$ TARGET=$8U0.810.549$             Kontaktfunktion

CONSTRAINTS
 NODES GROUP $BT_RPS1_HXZ$ / KX KZ 1000                             Definition der
 NODES GROUP $BT_RPS2_HX$ / KX 1000                                 Randbedingungen
 NODES GROUP $BT_RPS3_FY$ / KY 1000                                 mittels
 NODES GROUP $BT_RPS4_FY$ / KY 1000                                 Federsteifigkeiten
 NODES GROUP $BT_RPS5_FY$ / KY 1000
 NODES GROUP $BT_RPS6_fy$ / KY 1000
 NODES GROUP $BT_RPS7_fy$ / KY 1000
 NODES GROUP $BT_RPS8_fy$ / KY 1000

PREDEFORMATION
 NODES GROUP $BT_1_210_A03_0002_LR$ / FX=-50  XX=2310.95            Aufbringung der
   YY=-592.305  ZZ=1072.59 XA=2311.24  YA=-592.40                   Elektrodenkraft im
   ZA=1073.54 XB=2315.54  YB=-593.534  ZB=1071.06                   Bereich um den
 NODES GROUP $BT_2_210_A03_0002_LR$ / FX=50  XX=2310.95             Schweißpunkt
   YY=-592.305  ZZ=1072.59  XA=2311.24  YA=-592.40
   ZA=1073.54 XB=2315.54  YB=-593.534  ZB=1071.06

 NODES GROUP $BT_RPS6_fy$ / UY -0.3                                 Spannen der
 NODES GROUP $BT_RPS7_fy$ / UY +0.7                                 Einzelteile an den
 NODES GROUP $BT_RPS8_fy$ / UY +0.5                                 Stützstellen

LOAD
 NODES GROUP $210_A03_0002_LR$ / TT -1530.0                         Abkühlen der Knoten
                                                                    im Bereich der
RETURN                                                              Schweißlinse
```

Das Input Deck für eine Fügesimulation ist aus folgenden Zeitschritten aufgebaut:

Zeitschritt	Aktion
Step 1 / X	Einzelteile auf Distanz bringen
Step 2 / X	Einzelteile mit Kontaktfunktion positionieren
Step 3 / X	Einzelteile spannen
Step 4 / X	Elektrodenkraft aufbringen (Spalt schließen)
Step 5 / X	Schweißpunkt setzen (Einbringung der Schrumpfkräfte)
Step 6 / X	Elektrodenkraft aufbringen (Spalt schließen)
Step 7 / X	Schweißpunkt setzen (Einbringung der Schrumpfkräfte)
⁝	⁝
Step X / X	Öffnen der Spanner und Lagerung der Baugruppe nach übergeordnetem Referenzpunktsystem

Nach Fertigstellung von Geometrie- und Prozess-Modell kann jetzt die Berechnung des Fügeprozesses gestartet werden.
Während die in Kapitel 5.2.1 beschriebenen Schritte der geometrischen Modellbildung von verfügbaren Programmen zum Pre-Processing unterstützt werden, muss das Prozessmodell derzeit noch in weiten Teilen von Hand programmiert werden. Vor einer breiten Anwendung der im Rahmen dieser Arbeit beschriebenen Aufgabenstellung bedarf es noch der Erstellung eines Graphical User Interfaces (GUI) für die FE-Simulation, welches den Anwender bei der Erstellung des Prozessmodells unterstützt.

6 Validierung und analytische Betrachtung

Zur Validierung der vorgestellten aktiven Steuerung für den Karosseriebau wird eine Reihe von Versuchen in der Prototypenphase eines Fahrzeugprojektes durchgeführt. Diese Versuche werden im nachfolgenden Abschnitt beschrieben und analysiert.

Aufgrund der Anforderung in der automobilen Produktion an eine schnelle Berechnung der Schweißverzüge und einen möglichst geringen Modellierungsaufwand für die Simulation wird zur Durchführung der Versuchsumfänge ein mechanisches Ersatzmodell (Schrumpfkraftmodell) verwendet und keine transiente thermische Berechnung vorgenommen. Für die Berechnung des Verzuges wird der implizite Solver Sysweld der ESI Group eingesetzt.

Zur Durchführung der Simulationen wird ein mit einem 2.20 GHz Prozessor sowie 3.0 GB RAM ausgestattetes Notebook verwendet. Die Digitalisierung der Versuchsteile erfolgt mit den Systemen Tritop und Atos der Firma GOM. Mittels der verfügbaren Messsensoren können je nach Auflösung des Messbereiches Messpunkte im Abstand von 0.07 – 1.0 mm generiert werden.

Für das Pre- und Post-Processing kommen das Programm Visual Environment der ESI Group sowie die Software Atos v6.2 der Firma GOM zum Einsatz.

6.1 Versuchsumfang BG Säule A innen unten

Die erste Versuchsgruppe, die *BG Säule A innen unten*, besteht aus zwei Einzelteilen, die durch vier Schweißpunkte miteinander verbunden werden (Abbildung 5-10). Die beiden Einzelteile, der *Längsträger oben innen* und die *Säule A innen unten*, haben eine Materialstärke von jeweils 1.75mm und sind beide aus HX340LAD+Z100MB gefertigt. Sowohl die Einzelteile an sich als auch die Baugruppe sind eigenstabil. Zur Digitalisierung der Geometrien können die Teile einfach auf eine ebene Fläche gelegt werden. Eine spezielle Messaufnahme ist daher nicht notwendig.

In Abbildung 5-10 sind die vernetzten Geometrien der beiden Einzelteile, sowie die Objekte zu sehen, die für die Lagerung (rot) der Einzelteile und für die Schweißpunkte (grün) im Geometriemodell definiert werden. Die reale Aufnahme- und Spannsituation der beiden Einzelteile ist in Abbildung 5-7 zu sehen. Die Einzelteile haben neben den Haupt-Referenzpunkten noch zusätzliche Stützstellen in y-Richtung. Eine weitere Randbedingung, welche die Lagerung der Einzelteile beeinflusst, kommt im Flanschbereich durch den Kontakt beider Bleche hinzu.

Zunächst wird für die Versuche ein funktionsfähiges Mastermodell basierend auf den Konstruktionsdaten aufgebaut (wie in Kapitel 5.2 beschrieben), mittels dessen sich die Veränderung der Baugruppengeometrie durch den Einfluss der Fügetechnologie und der Karosseriebauvorrichtung ermitteln und minimieren lässt. Der Einsatz dieses Modells ist, wie in Kapitel 4 erörtert, in der frühen Entwicklungsphase vorgesehen. Das Ergebnis der Berechnung ist in Abbildung 4-4 zu sehen und zeigt einen deutlichen Einzelteilverzug im Bereich des Flansches von mehr als 0.7mm in positiver y-Richtung. Dieses Simulationsergebnis sagt aus, dass die Baugruppe unter Annahme einer Allgemeintoleranz von ±0.5mm die geometrischen Qualitätsanforderungen nicht erfüllt und das, obwohl die beiden Einzelteile exakt der Spezifikation entsprechen. Dies ist wiederum ein Beispiel dafür, dass die Annahmen der Net Build Philosophie, wie sie in Kapitel 3.2.1 vorgestellt wurde, nicht zutreffen.

Mit der *BG Säule A innen unten* werden anhand von drei Einzelteilsätzen Versuche durchgeführt. Trotz der Erkenntnisse aus der Berechnung des Mastermodells bleibt die Karosseriebauvorrichtung für den ersten Versuch unverändert. Die ersten Einzelteile werden mit der zum Konstruktionsstand (CAD-0) eingemessenen Karosseriebauvorrichtung geschweißt – ohne Prozessvorhaltung. Der zweite Versuch hat zum Ziel, die Einflüsse auf die Maßhaltigkeit der Baugruppe zu minimieren. Über die Simulation wird für den zweiten Satz Einzelteile eine Optimierungsmaßnahme ermittelt, welche anschließend in der realen Vorrichtung umgesetzt wird. Die Qualität dieser Baugruppe wird also aktiv mit dem in Kapitel 5 vorgestellten Prozessprinzip gesteuert. Für die dritte Versuchsgruppe wird eine Veränderung der Schweißpunktabfolge vorgenommen, alle weiteren Randbedingungen bleiben gleich. Dieser Versuch dient zur Untersuchung der Sensitivität der Simulation gegenüber Prozess- bzw. Parameterveränderungen.

Die Versuche sind im Input Deck folgendermaßen aufgebaut:

Zeitschritt	Aktion
Step 1 / 12	Einzelteile auf Distanz bringen
Step 2 / 12	Einzelteile mit Kontaktfunktion positionieren
Step 3 / 12	Einzelteile spannen
Step 4 / 12	Elektrodenkraft aufbringen (Spalt schließen): Schweißpunkt 1
Step 5 / 12	Schweißpunkt setzen (Einbringung der Schrumpfkräfte): Schweißpunkt 1
Step 6 / 12	Elektrodenkraft aufbringen (Spalt schließen): Schweißpunkt 2
Step 7 / 12	Schweißpunkt setzen (Einbringung der Schrumpfkräfte): Schweißpunkt 2
Step 8 / 12	Elektrodenkraft aufbringen (Spalt schließen): Schweißpunkt 3
Step 9 / 12	Schweißpunkt setzen (Einbringung der Schrumpfkräfte): Schweißpunkt 3
Step 10 / 12	Elektrodenkraft aufbringen (Spalt schließen): Schweißpunkt 4
Step 11 / 12	Schweißpunkt setzen (Einbringung der Schrumpfkräfte): Schweißpunkt 4
Step 12 / 12	Öffnen der Spanner und Lagerung der Baugruppe nach übergeordnetem Referenzpunktsystem

Für den ersten Versuch werden die beiden Teile zusätzlich zur Einzelteilmessung in der Karosseriebauvorrichtung gespannt, aber nicht verschweißt digitalisiert. Dabei werden sowohl die Geometrien der beiden Teile in gespanntem Zustand als auch die Position der Aufnahme- und Spannelemente der Vorrichtung erfasst. Die Vorrichtung ist zu diesem Zeitpunkt zum Konstruktionsstand eingemessen.
Nachdem im Rahmen des Pre-Processing für den ersten Versuch das Netz des Mastermodells auf die vermessenen Einzelteilgeometrien übertragen wurde, werden die Einzelteile jeweils über ihre sechs Haupt-Referenzpunkte zu den gespannt vermessenen Einzelteilgeometrien ausgerichtet. In den Bereichen, in denen die zusätzlichen Stützstellen der Vorrichtung auf die Teile einwirken, wird der Abstand in Wirkrichtung der Spannelemente zwischen den gespannten und ungespannten Einzelteilgeometrien ausgemessen. Der Betrag des Abstandes wird im Input Deck für die entsprechenden Knoten als Vorhaltung definiert. An dieser Stelle ist wiederum zu beachten, dass durch das Geometriemodell für die FE-Analyse die Mittelflächen der Einzelteile beschrieben werden, während im Rahmen der Digitalisierung der Einzelteile die Außenflächen erfasst werden. Um die Vorhaltung ermitteln zu können, muss daher zunächst ein entsprechendes Offset der Messdaten bei halber Blechdicke generiert werden.
Die Abfolge der Schweißpunkte ist in Reihe von oben nach unten (SP1 bis SP4). Zur Fertigstellung des Input Decks muss noch die Lagerung der Baugruppe im letzten Zeitschritt festgelegt werden. Die übergeordneten Referenzpunkte für die *BG Säule A innen unten* sind (siehe Abbildung 5-10):

- Einzelteil 2 RPS1 HxzFy
- Einzelteil 1 RPS2 Hx
- Einzelteil 1 RPS3 Fy
- Einzelteil 1 RPS5 Fy

Alle weiteren Randbedingungen werden im letzten Zeitschritt deaktiviert.

Zusammenfassend sind folgende Schritte notwendig, um aus einem funktionsfähigen Mastermodell eine Fügesimulation mit realen Einzelteilgeometrien zu erstellen:

- Übertragung des FE-Netzes des Mastermodells auf die realen Einzelteilgeometrien
- Ausrichtung der Einzelteile über die Haupt-Referenzpunkte zu den Ausrichtelementen der Vorrichtung
- Festlegung der Vorhaltungen an den Stützstellen

Daraufhin kann die Berechnung gestartet werden.
Repräsentativ für die Einzelteilgeometrien sind in **Abbildung A-1** und **Abbildung A-2** die Auswertung der Einzelteilmessungen für den ersten Versuch zu sehen. Eine Gegenüberstellung von Mess- und Simulationsergebnis (jeweils ausgewertet zu den Solldaten (CAD)) des ersten Versuchs mit der *BG Säule A innen unten* ist im Anhang A zu sehen (**Abbildung A-3** und **Abbildung A-4**). Zunächst lässt sich sagen, dass eine sehr gute Übereinstimmung der beiden Ergebnisse erzielt wurde.
Im Rahmen der Analyse der Resultate muss bei den Abweichungen der Baugruppe zwischen prozessbedingten Abweichungen und Abweichungen, die bereits in den Einzelteilen vorhanden waren, unterschieden werden. Durch den Fügeprozess wird die Baugruppe im Flanschbereich derart beeinflusst, dass ausgehend vom Schweißpunkt 1 (welcher sich noch im grünen Bereich der Farbskala befindet) bis hin zum Schweißpunkt 4 (mit Trend zum roten Bereich der Farbskala) eine Ausbeulung in Richtung Y+ erfolgt. Diese Tendenz ist bereits im Ergebnis des Mastermodells gut zu erkennen (siehe Abbildung 4-4) und kann daher klar als Prozesseinfluss identifiziert werden.

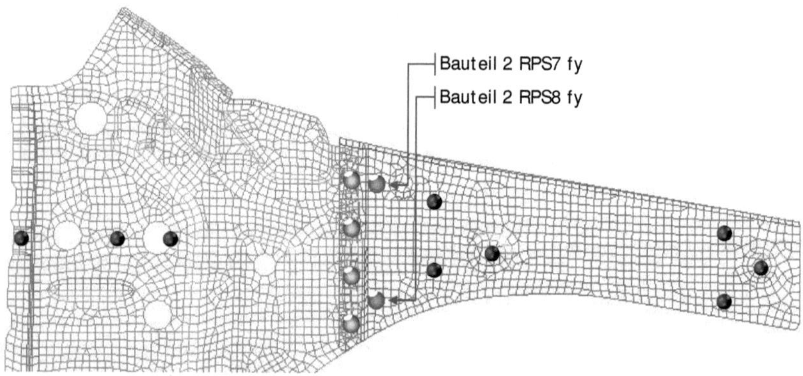

Abbildung 6-1 Zusätzliche Stützstellen (blau) im geometrischen Modell

Der zweite Versuch mit der *BG Säule A innen unten* hat zum Ziel, den im ersten Versuch und im Mastermodell identifizierten Prozesseinfluss zu minimieren. Zu diesem Zweck wird die Wirkung eines zusätzlichen Gegenlagers in unmittelbarer Nähe zum

Flansch erprobt. Die Maßnahme wird zunächst durch eine Fügesimulation mit einem neuen Satz Einzelteile abgesichert. Zu den im Mastermodell bereits definierten Haupt- und Nebenreferenzpunkten werden zusätzlich zwei weitere Stützstellen definiert, die die Wirkung des Gegenlagers abbilden sollen (siehe **Abbildung 6-1**, blaue Punkte). Ansonsten werden in der Simulation keine weiteren Änderungen vorgenommen.

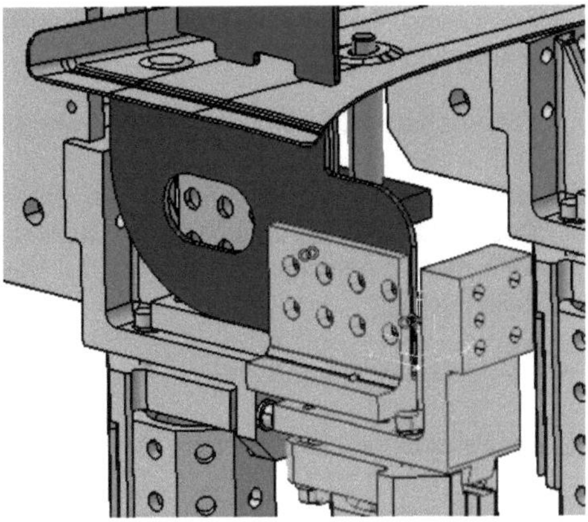

Abbildung 6-2 Gegenlager (rot) in der Vorrichtung der BG Säule A innen unten

Das Ergebnis der Simulation ist im Anhang in **Abbildung A-6** zu sehen und bestätigt die Erwartungen bezüglich der Wirkung des Gegenlagers in vollem Umfang. Die Maßnahme wird daraufhin in die Karosseriebauvorrichtung eingebracht (**Abbildung 6-2**) und danach die Baugruppe angefertigt. Das Messergebnis der zweiten Versuchsgruppe der *BG Säule A innen unten* ist im Anhang in **Abbildung A-5** zu sehen und zeigt in der Gegenüberstellung zum im Voraus ermittelten Simulationsergebnis wieder eine sehr gute Übereinstimmung. Der Verzug der realen Baugruppe ist an der oberen Kante des *Längsträgers oben innen* im Bereich neben dem Flansch allerdings deutlicher ausgeprägt, als dies die Simulation erwarten ließ.

Für die dritte Versuchsgruppe wird die Abfolge der Schweißpunkte umgekehrt. Es wird also in der Reihenfolge Schweißpunkt 4 bis Schweißpunkt 1 von unten nach oben gepunktet, alle weiteren Randbedingungen bleiben identisch zur zweiten Versuchsgruppe. Mit der Fügesimulation werden beide Varianten berechnet, sowohl die Punktabfolge SP1 bis SP4 als auch die tatsächlich umgesetzte Reihenfolge SP4 bis SP1. Der Vergleich der beiden Simulationsergebnisse zeigt nur geringe Unterschiede bei der Verzugsausbildung. Der Verzug, der an der oberen Kante des *Längsträger oben innen* im Bereich neben dem Flansch auftritt, ist bei der Punktreihenfolge SP4 bis SP1 etwas deutlicher ausgeprägt. Dies zeigt auch der Vergleich zum Simulationsergebnis der zweiten Versuchsgruppe.
Die Gegenüberstellung von Simulations- und Messergebnis (**Abbildung A-8** und **Abbildung A-7**) lässt wieder eine sehr gute Übereinstimmung erkennen. Insbesondere im oberen linken Bereich neben dem Flansch wird eine sehr gute Vorhersage des Verzuges durch die Berechnung erzielt.

Die Ergebnisse der Versuchsreihe mit der *BG Säule A innen unten* unterstreichen das Potential der aktiven Steuerung zur zielgerichteten Optimierung von Produkt, Prozess und Ressource deutlich. Es wurde gezeigt, dass es möglich ist, die Geometrie einer Baugruppe zunächst mit einer Fügesimulation basierend auf realen Einzelteilgeometrien virtuell zu optimieren und anschließend die abgesicherten Maßnahmen auf den realen Fügeprozess zu übertragen.

Der Fügeprozess der Versuchsgruppe *BG Säule A innen unten* ist von eher geringer Komplexität. Die Einzelteile sind eigenstabil und alle vier Schweißpunkte liegen in einer Ebene, so dass die Problemstellung einen überwiegend 2-dimensionalen Charakter hat. Aus diesem Grund wird für die zweite Versuchsreihe eine deutlich komplexere Baugruppe ausgewählt.

6.2 Versuchsumfang BG Seitenwandrahmen hinten innen

Das Ziel der zweiten Versuchsreihe ist die Bestätigung der Funktionsfähigkeit der aktiven Steuerung der geometrischen Qualitätsziele des Karosseriebaus. Die Baugruppe für diese Versuchsreihe, die *BG Seitenwandrahmen hinten innen*, wird aus vier Einzelteilen gefügt:

- Knotenblech Dachrahmen hinten, Materialstärke 1.3mm, Material DX56
- Seitenwandrahmen hinten innen, Materialstärke 0.7mm, Material DX56
- Verstärkung Säule D unten, Materialstärke 1.2mm, Material H260 LAD+Z100MB
- Eckversteifung Säule D unten, Materialstärke 1.8mm, Material DX56

Das *Knotenblech*, die *Verstärkung* und die *Eckversteifung* sind eigenstabile Teile, für deren Digitalisierung keine spezielle Messaufnahme notwendig ist. Der *Seitenwandrahmen hinten innen* hingegen ist nicht eigenstabil und verformt sich abhängig von der Lagerung und Wirkrichtung der Gewichtskraft, weswegen für die Digitalisierung dieser Einzelteile eine Messaufnahme notwendig ist. Folgerichtig bedarf auch die *BG Seitenwandrahmen hinten innen* einer definierten Lagerung für die Vermessung.

Da im Rahmen der vorliegenden Arbeit die Auswirkungen des Fügeprozesses auf die Baugruppengeometrie untersucht werden, werden sowohl das Einzelteil *Seitenwandrahmen hinten innen* als auch die *Baugruppe Seitenwandrahmen hinten innen* zum Digitalisieren in der Karosseriebauvorrichtung gelagert. Allerdings sind während der Messung, im Gegensatz zum Zeitraum des Fügens, alle Spannelemente geöffnet und Zentrierstifte, die zu einer überbestimmten Lagerung der Einzelteile führen würden, entfernt. Durch das Spannen der Einzelteile auf eine gewünschte Position, die nicht der eigentlichen Einzelteilgeometrie entspricht, werden Spannungen in das Einzelteil eingebracht, die durch die Digitalisierung allerdings nicht erfasst werden. Diese Spannungen sind aber für die Ausbildung des Einzelteilverzuges entscheidend. Würden die Einzelteilgeometrien gespannt gemessen werden, wäre eine korrekte Berechnung des Einzelteilverzuges nicht mehr möglich. Daraus wird ersichtlich, dass die Lagerung der Einzelteile während des Messens das Simulationsergebnis maßgeblich beeinflusst.

Die vier Einzelteile werden während des Fügeprozesses über insgesamt 19 Schweißpunkte (grüne Kennzeichnung in **Abbildung A-10**) miteinander verbunden. Die Aufnahme- und Spannbedingungen sind in **Abbildung A-9** durch rote Markierungen hervorgehoben. Es ist zu erkennen, dass das *Knotenblech*, der *Seitenwandrahmen* und die *Verstärkung* überbestimmt gelagert sind. Des Weiteren kann festgestellt werden, dass die *Eckversteifung* in der Vorrichtung unterbestimmt gelagert ist; es werden durch die beiden Zentrierstifte (der obere in einem Rundloch, der untere in einem Langloch) nur drei von sechs Freiheitsgraden definiert. Die bestimmte Lagerung kommt erst durch das Aufspannen der *Verstärkung* zustande, wodurch die *Eckversteifung* über Formkontakt in eine bestimmte Position gedrückt wird.

Mit der *BG Seitenwandrahmen hinten innen* werden insgesamt fünf Versuche durchgeführt. Die ersten drei Versuche werden unter identischen Bedingungen durchgeführt, Aufnahme- und Spannbedingung sowie die Abfolge der Schweißpunkte bleiben unverändert, nur die Einzelteilgeometrien werden analog der real verbauten Einzelteilsätze gewandelt. Mittels dieser drei Versuche soll die Reproduzierbarkeit von Simulationsergebnissen bei Beibehaltung von Prozessparametern und Austausch der Einzelteilgeometrien bestätigt werden. Im vierten Versuch wird die Schweißpunktreihenfolge variiert, der fünfte Versuch hat eine Optimierung der Baugruppengeometrie zum Ziel.

Zunächst wird für die *BG Seitenwandrahmen hinten innen* ein Mastermodell aufgebaut. Bei dieser komplexen Baugruppe gibt es einige Herausforderungen, die bei der *BG Säule A innen unten* nicht aufgetreten sind. Aufgrund des 2-dimensionalen Charakters dieser ersten Versuchsgruppe war die Wirkrichtung der Spanner und der Schweißzange immer in Hauptachsenrichtung. Dies ist bei der *BG Seitenwandrahmen hinten innen* nicht mehr der Fall. Um trotzdem eine Einwirkung von Schweißzange und Spannern normal zum Blech zu ermöglichen, muss in diesen Bereichen ein lokales Koordinatensystem erzeugt werden, bei dem zwei Achsen tangential zum Blech und die dritte normal zum Blech angeordnet sind (siehe auch Abschnitt 5.2.2).

Die zeitliche Abfolge der einzelnen Prozessschritte ist im Input Deck wie folgt angelegt und gilt für die Versuche eins bis drei und fünf. Für den vierten Versuch wurde, wie bereits angesprochen, die Abfolge der Schweißpunkte variiert.

Zeitschritt	Aktion
Step 1 / 42	Einzelteile auf Distanz bringen
Step 2 / 42	Einzelteile mit Kontaktfunktion positionieren
Step 3 / 42	Einzelteile spannen
Step 4 / 42	Elektrodenkraft aufbringen (Spalt schließen): Schweißpunkt A03_002
Step 5 / 42	Schweißpunkt setzen (Einbringung der Schrumpfkräfte): A03_002
Step 6 / 42	Elektrodenkraft aufbringen (Spalt schließen): Schweißpunkt A03_003
Step 7 / 42	Schweißpunkt setzen (Einbringung der Schrumpfkräfte): A03_003
Step 8 / 42	Elektrodenkraft aufbringen (Spalt schließen): Schweißpunkt A03_004
Step 9 / 42	Schweißpunkt setzen (Einbringung der Schrumpfkräfte): A03_004
Step 10 / 42	Elektrodenkraft aufbringen (Spalt schließen): Schweißpunkt A03_005
Step 11 / 42	Schweißpunkt setzen (Einbringung der Schrumpfkräfte): A03_005
Step 12 / 42	Elektrodenkraft aufbringen (Spalt schließen): Schweißpunkt A03_001
Step 13 / 42	Schweißpunkt setzen (Einbringung der Schrumpfkräfte): A03_001
Step 14 / 42	Elektrodenkraft aufbringen (Spalt schließen): Schweißpunkt A03_006
Step 15 / 42	Schweißpunkt setzen (Einbringung der Schrumpfkräfte): A03_006
Step 16 / 42	Elektrodenkraft aufbringen (Spalt schließen): Schweißpunkt A03_007

```
Step 17 / 42    Schweißpunkt setzen (Einbringung der Schrumpfkräfte): A03_007
Step 18 / 42    Elektrodenkraft aufbringen (Spalt schließen): Schweißpunkt A03_008
Step 19 / 42    Schweißpunkt setzen (Einbringung der Schrumpfkräfte): A03_008
Step 20 / 42    Elektrodenkraft aufbringen (Spalt schließen): Schweißpunkt A03_009
Step 21 / 42    Schweißpunkt setzen (Einbringung der Schrumpfkräfte): A03_009
Step 22 / 42    Elektrodenkraft aufbringen (Spalt schließen): Schweißpunkt A02_001
Step 23 / 42    Schweißpunkt setzen (Einbringung der Schrumpfkräfte): A02_001
Step 24 / 42    Elektrodenkraft aufbringen (Spalt schließen): Schweißpunkt A02_002
Step 25 / 42    Schweißpunkt setzen (Einbringung der Schrumpfkräfte): A02_002
Step 26 / 42    Elektrodenkraft aufbringen (Spalt schließen): Schweißpunkt A02_003
Step 27 / 42    Schweißpunkt setzen (Einbringung der Schrumpfkräfte): A02_003
Step 28 / 42    Elektrodenkraft aufbringen (Spalt schließen): Schweißpunkt A02_004
Step 29 / 42    Schweißpunkt setzen (Einbringung der Schrumpfkräfte): A02_004
Step 30 / 42    Elektrodenkraft aufbringen (Spalt schließen): Schweißpunkt A01_001
Step 31 / 42    Schweißpunkt setzen (Einbringung der Schrumpfkräfte): A01_001
Step 32 / 42    Elektrodenkraft aufbringen (Spalt schließen): Schweißpunkt A01_006
Step 33 / 42    Schweißpunkt setzen (Einbringung der Schrumpfkräfte): A01_006
Step 34 / 42    Elektrodenkraft aufbringen (Spalt schließen): Schweißpunkt A01_002
Step 35 / 42    Schweißpunkt setzen (Einbringung der Schrumpfkräfte): A01_002
Step 36 / 42    Elektrodenkraft aufbringen (Spalt schließen): Schweißpunkt A01_003
Step 37 / 42    Schweißpunkt setzen (Einbringung der Schrumpfkräfte): A01_003
Step 38 / 42    Elektrodenkraft aufbringen (Spalt schließen): Schweißpunkt A01_004
Step 39 / 42    Schweißpunkt setzen (Einbringung der Schrumpfkräfte): A01_004
Step 40 / 42    Elektrodenkraft aufbringen (Spalt schließen): Schweißpunkt A01_005
Step 41 / 42    Schweißpunkt setzen (Einbringung der Schrumpfkräfte): A01_005
Step 42 / 42    Öffnen der Spanner und Lagerung der Baugruppe nach übergeordnetem
                Referenzpunktsystem
```

Für den ersten Versuch werden die Einzelteile sowohl ungespannt als auch in gespanntem Zustand in der Karosseriebauvorrichtung vermessen. Dadurch werden die Grundeinstellung der Ausricht- und Spannelemente der Vorrichtung und damit die entsprechenden Vorhaltungen ermittelt. Da die Vorhaltung im Input Deck relativ zur Einzelteilposition angegeben wird (beispielsweise z -0.7mm), müssen die Vorhaltungen bei unterschiedlichen Einzelteilen trotz unveränderter Vorrichtung im Input Deck angepasst werden. Streuungen in der Einzelteilgeometrie können dazu führen, dass bei einem Teil 0.7mm, bei einem anderen Teil aber nur 0.5mm Vorhaltung notwendig sind, um die Wirkung des Spanners abzubilden. Die Definition einer einzelteilunabhängigen Absolutposition im Input Deck (beispielsweise Koordinate z 1072.6mm) ist beim eingesetzten Solver zum Zeitpunkt der Versuche nicht möglich.
Die Lagerung der Baugruppe in der Karosseriebauvorrichtung im letzten Zeitschritt erfolgt über folgende Randbedingungen:

- Einzelteil 1 RPS2 Fy
- Einzelteil 1 RPS5 Fz
- Einzelteil 2 RPS1 Hxz
- Einzelteil 2 RPS2 Hz
- Einzelteil 3 RPS2 Fy

Repräsentativ für die Einzelteilgeometrien sind in **Abbildung A-11** bis **Abbildung A-14** die Auswertungen des Einzelteilsatzes von Versuch eins dargestellt. Die Gegenüberstellung von Mess- und Simulationsergebnissen der ersten drei Versuche ist im Anhang A in den **Abbildung A-15** bis **Abbildung A-20** zu sehen. Mit allen drei Simulationen kann eine sehr gute Übereinstimmung zwischen der berechneten und der tatsächlichen Baugruppengeometrie erzielt werden. Insbesondere das Verhalten des stark aufgefederten Bereiches im Einzelteil *Seitenwandrahmen hinten innen* (siehe **Abbildung 6-3**) wird von der Simulation korrekt berechnet.

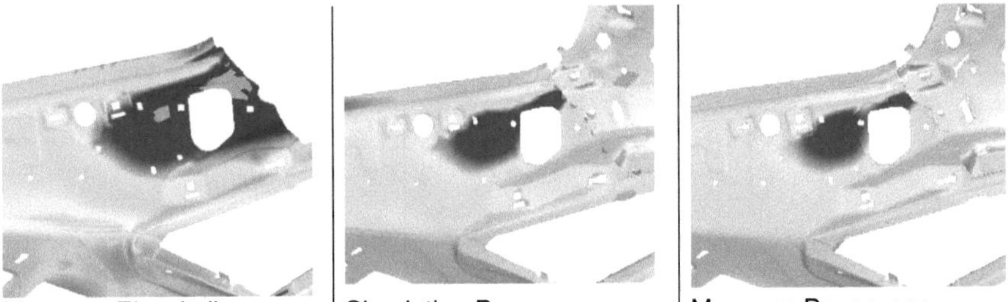

Messung Einzelteil | Simulation Baugruppe | Messung Baugruppe

Abbildung 6-3 Gegenüberstellung Seitenwandrahmen hinten innen: Messung Einzelteil, Messung Baugruppe und Simulation Baugruppe

Im Bereich *Verstärkung Säule D unten* und *Eckversteifung Säule D* kommt es, bezogen auf die gesamte Baugruppe, zu den größten Unterschieden zwischen realer und berechneter Geometrie (siehe Gegenüberstellung in **Abbildung 6-4**). Während die maßliche Abweichung zum Soll über die drei Simulationsergebnisse nur geringe Unterschiede aufweist, sind bei den Messergebnissen größere Streuungen festzustellen. Dies lässt sich dadurch erklären, dass die Aufnahme- und Spannsituation in der Karosseriebauvorrichtung in diesem Bereich nicht optimal ist (wie eingangs dieses Abschnittes dargelegt wurde). Die bestimmte Positionierung der *Eckversteifung* erfolgt erst durch Formkontakt mit der *Verstärkung*. Dies führt zu größeren Streuungen bei der Positionierung dieser beiden Einzelteile, was durch vergleichende Messungen begleitend zu den Versuchen belegt wurde. Diese Streuungen bleiben in der Simulation allerdings unberücksichtigt, da zur Ermittlung der Aufnahme- und Spannsituation immer auf eine Referenzmessung zurückgegriffen wird. Sollen diese Effekte in der Berechnung Beachtung finden, müsste vor dem realen Fügen der Einzelteile eine Messung dieser Teile in gespanntem Zustand durchgeführt werden, welche dann als Referenz zur Ermittlung der entsprechenden Parameter für die spezielle Berechnung herangezogen werden könnte. In diesem Fall dürften die Einzelteile vor dem Fügen nicht mehr aus der Vorrichtung genommen werden, wodurch eine Veränderung der Vorhaltung oder Nacharbeit der Einzelteilgeometrie zur Optimierung der Baugruppenqualität nicht mehr möglich wäre. Dies steht in direktem Widerspruch zur Zielsetzung der Fügesimulation und ist deshalb nicht zielführend. Als Konsequenz daraus ergibt sich die Forderung, dass eine wiederholgenaue Positionierung der Einzelteile in der Karosseriebauvorrichtung für den Einsatz der Fügesimulation gewährleistet sein muss, welche aufgrund der heutigen Qualitätsansprüche im Karosseriebau aber ohnehin schon besteht. Als Fazit der ersten drei Versuche kann festgehalten werden, dass die Simulation unter Beibehaltung von Prozessparametern und Austausch von Einzelteilgeometrien reproduzierbare und realitätsnahe Ergebnisse liefert, vorausgesetzt eine wiederholgenaue Positionierung der Einzelteile ist gewährleistet.

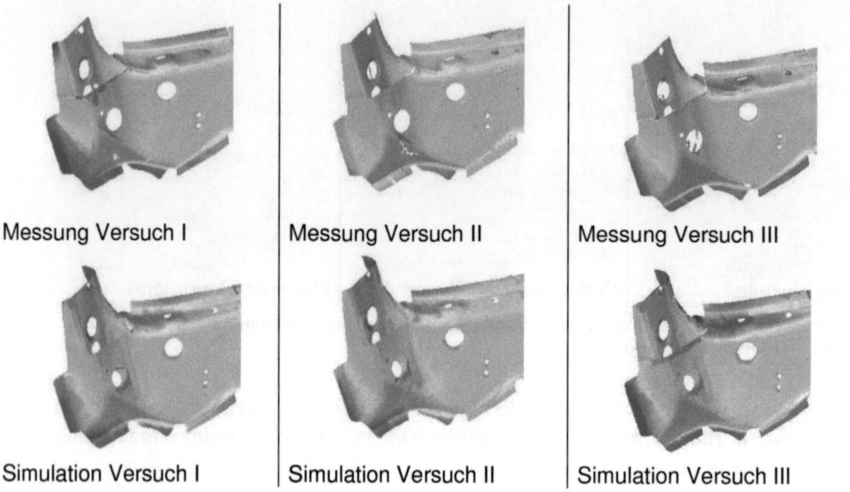

Abbildung 6-4 Gegenüberstellung von Messung und Simulation des Verzuges im Bereich *Verstärkung Säule D unten* und *Eckversteifung Säule D* der Versuche I, II und III

Für den vierten Versuch mit der *BG Seitenwandrahmen hinten innen* wird die Schweißpunktabfolge wie folgt variiert:

A03_001 → A03_002 → A03_003 → A03_004 → A03_005 → A03_009 --▸
--▸ A03_008 → A03_007 → A03_006 → A02_004 → A02_003 → A02_002 --▸
--▸ A02_001 → A01_003 → A01_002 → A01_006 → A01_001 → A01_004 --▸
--▸ A01_005

Im Rahmen dieses Versuches soll die Sensitivität der Simulation gegenüber Prozess- bzw. Parameterveränderungen geprüft werden. Die Ergebnisse der Messung und der Simulation der Baugruppe sind im Anhang in der **Abbildung A-21** und **Abbildung A-22** zu sehen. Die Vorhersagequalität der Simulation ist analog zu den ersten drei Versuchen sehr zuverlässig. Durch die Änderung der Schweißpunktabfolge sind im Vergleich zu den vorangegangenen Versuchen keine signifikanten Änderungen in der Baugruppengeometrie feststellbar.

Bei der Planung der Schweißabfolge gibt es allerdings einige grundsätzliche Gebote, die beachtet werden sollten. In Abbildung 6-5 sind günstige und ungünstige Schweißabfolgen zu sehen. Für diesen vierten Versuch wurde (absichtlich) eine deutlich ungünstigere Schweißabfolge gewählt als bei den Versuchen eins bis drei und fünf. Als Folge dessen kommt es zu einer Art Faltenbildung im Blech, wie sie auch in **Abbildung 6-5** im Prinzip dargestellt wird.

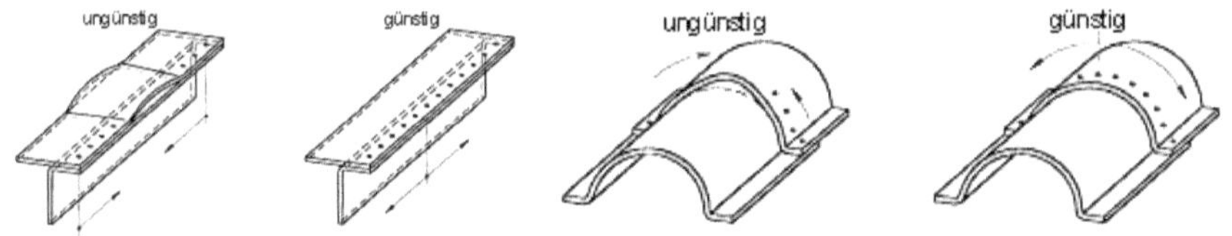

Abbildung 6-5 Günstige und ungünstige Schweißfolge beim Punktschweißen

Die Geometrie der Baugruppe wird dabei, zumindest bei diesem Versuch mit der *BG Seitenwandrahmen hinten innen*, nicht wesentlich beeinflusst.

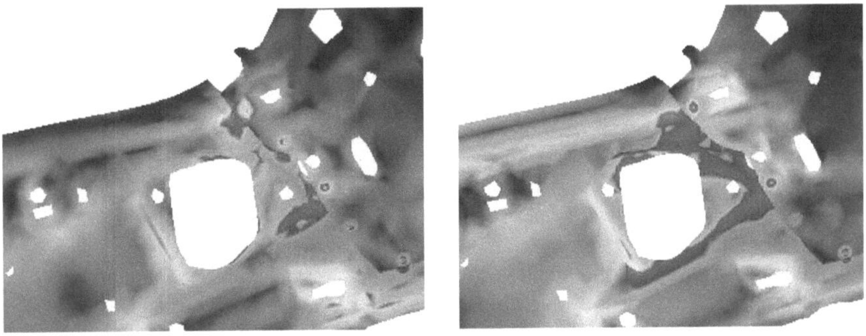

von-Mises Spannungen Versuch I | von-Mises Spannungen Versuch IV

Abbildung 6-6 Vergleich der van-Mises Spannungen bei unterschiedlicher Schweißabfolge

Durch die geänderte Punktfolge kommt es jedoch lokal zu deutlich größeren Spannungen in der Baugruppe (siehe **Abbildung 6-6**). Offensichtlich wurden die Einzelteile im vierten Versuch mit Fortschreiten des Fügeprozesses durch die bereits gesetzten Schweißpunkte in ihrer Bewegungsfreiheit deutlicher beschränkt als in den drei Versuchen davor. Ein gewisser Bewegungsspielraum der Einzelteile kann, wenn diese mit der Schweißzange auf Kontakt gezwungen und verschweißt werden, gleichwohl zu einem geringen Spannungseintrag in die Baugruppe führen.

Die Simulationsergebnisse dieses Versuches eröffnen Analysemöglichkeiten, die über die reine Betrachtung der Geometrie hinausgehen und bisher weder in der frühen Entwicklungsphase noch in der Bauphase zur Verfügung standen. Neben einer Optimierung von Produkt, Prozess und Ressource hinsichtlich der Erreichung von Qualitätsmerkmalen und einer prozesssicheren Fertigung, kann mit Unterstützung der aktiven Steuerung auch der Spannungseintrag im Rahmen des Fügeprozesses beurteilt und auch minimiert werden.
Hohe mechanische Spannungen in Einzelteilen können in nachgelagerten Prozessschritten der Fertigung (beispielsweise im Trocknungsofen nach KTL) ungewollte geometrische Veränderungen nach sich ziehen. Zudem wird durch solche Spannungen dauerhaft ein höherer Anspruch an die Verbindungstechnologie gestellt.

Eine Minimierung des Spannungseintrages im Rahmen des Fügeprozesses ist daher ein wünschenswertes Ziel.

Die Zielsetzung für den fünften Versuch ist die Optimierung der Baugruppengeometrie im Bereich der *Verstärkung Säule D unten* und *Eckversteifung Säule D*, wo es bislang zu größeren Streuungen und Abweichungen kommt. Betrachtet man die Messergebnisse der Einzelteile (Abbildung A-13 und Abbildung A-14), so ist festzustellen, dass deren Geometrien nicht ursächlich für die Abweichungen sind. Beim Einlegen der beiden Einzelteile fällt auf, dass die *Verstärkung Säule D unten* gegenüber der *Eckversteifung Säule D* extrem verkippt wird (**Abbildung 6-7**, links). Ursächlich verantwortlich für die Verkippung ist eine x/z-Abweichung des Zentrierstiftes in positiver Richtung. Durch die Verschiebung der *Verstärkung Säule D unten* in diese Richtung wirkt das Gegenlager wie eine Drehachse, was zur benannten Verkippung führt. Mittels mehrerer Spanneinheiten werden beide Einzelteile dann auf Sollposition gebracht, was zu einem großen Spannungseintrag in die Baugruppe führt. Ein Teil dieser Spannung wird durch Rückfederung nach dem Verschweißen der Einzelteile und Öffnen der Spanner wieder abgebaut. Das Resultat dieser Rückfederung ist in den Ergebnissen der ersten vier Versuchsbaugruppen beobachtbar.
Als Optimierungsmaßnahme wird daher die Auswirkung der Relokalisierung des Zentrierstiftes untersucht. Mittels taktiler Messtechnik wird zunächst die exakte Abweichung der Position des Zentrierstiftes zur Soll-Position ermittelt. Im geometrischen Modell für die FE-Simulation wird die *Verstärkung Säule D unten* nun zur neuen Position ausgerichtet, da der Zentrierstift als Haupt-Referenzpunkt für die Positionierung des Einzelteils in x-z-Richtung verantwortlich ist. Um die relativen Vorhaltungen an den übrigen Spannelementen zu ermitteln, werden die ersten beiden Zeitschritte der Simulation berechnet. Die Einzelteile sind nach diesem Zeitschritt alle über ihre Haupt-Referenzpunkte positioniert und auf Kontakt. Im Bereich der *Verstärkung Säule D unten* werden nun die neuen relativen Vorhaltungen in den Wirkbereichen der Spannelemente ermittelt, die sich aufgrund der x-z-Verschiebung der *Verstärkung Säule D unten* gegenüber den bisher durchgeführten Simulationen deutlich geändert haben. Anzumerken ist an dieser Stelle, dass sich die absolute Vorhaltung nicht geändert hat; es wurde nur die Position des Zentrierstiftes verändert, nicht aber die der Spannelemente. Wie bereits angesprochen, lassen sich beim verwendeten Solver derzeit aber nur relative Vorhaltungen definieren, welche durch die x-z-Verschiebung verändert werden. Da sich die absolute Vorhaltung nicht geändert hat, lassen sich die neuen relativen Vorhaltungen für die Berechnung wieder aus dem Geometriemodell nach dem zweiten Berechnungsschritt und dem Messergebnis der gespannten Einzelteile des ersten Versuchs ermitteln.

In Abbildung 6-7 (rechts) ist das Ergebnis der Simulation nach dem zweiten Zeitschritt (Einzelteile positioniert mit Kontaktfunktion, nicht gespannt) zu sehen. Durch die Verschiebung des Stiftes kann die Vorhaltung der Spanneinheiten deutlich verringert werden (Abbildung 6-7 (mitte)), wodurch der Spannungseintrag in die Baugruppe reduziert wird. Das Endergebnis der Simulation nach dem Setzen aller Schweißpunkte und Öffnen der Spanner zeigt eine deutlich geringere Rückfederung und eine Verbesserung der Maßhaltigkeit in diesem Bereich (**Abbildung A-24**), was eindeutig auf den geringeren Spannungseintrag zurückzuführen ist. Die Maßnahme wird daraufhin auch in der Hardware umgesetzt. Das Messergebnis der im Anschluß gefertigten Baugruppe (**Abbildung A-23**) zeigt eine gute Übereinstimmung mit der Simulation. Die Auffederung im Bereich *Verstärkung Säule D unten* und *Eckversteifung Säule D* konnte, wie durch die Simulation vorherberechnet, deutlich verringert werden.

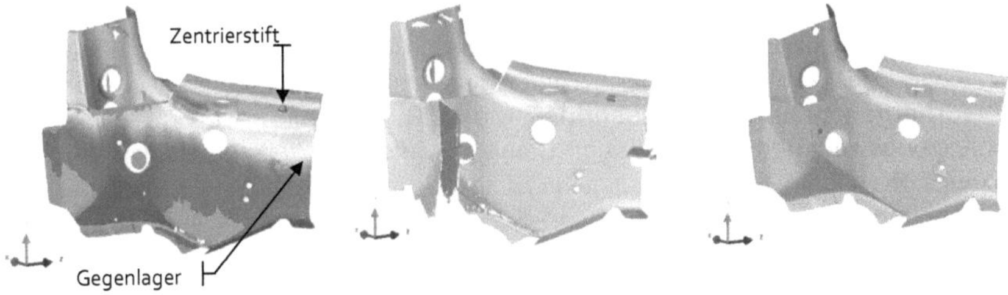

Abbildung 6-7 Vergleich der Aufnahmesituation im Bereich der Verstärkung Säule D unten und Eckversteifung Säule D
Einzelteile in Vorrichtung, nicht gespannt (links, Messung);
Einzelteile in Vorrichtung, gespannt (mitte, Messung);
Einzelteile in Vorrichtung optimiert, nicht gespannt (rechts, Simulation)

Die Versuchsreihe mit der *BG Seitenwandrahmen hinten innen* bestätigt die Funktionsfähigkeit der aktiven Steuerung. Im Rahmen des in diesem Abschnitt beschriebenen Erprobungsumfanges wurde zunächst aufgezeigt, dass das Input Deck von einer Simulation auf andere übertragbar ist und damit realitätsnahe Ergebnisse erzielt werden. Des Weiteren wurde belegt, dass die Übertragung von realen Prozessparametern und der Konfiguration der Karosseriebauvorrichtung in die Simulation und wieder zurück in den Karosseriebau möglich ist (bidirektionaler Abgleich von Fertigung und Simulation).
Damit werden die Grundanforderungen an die Simulationssystematik, wie sie in der Einleitung formuliert wurden, durch die in dieser Arbeit vorgestellte aktive Steuerung erfüllt.
Über die eigentliche Zielsetzung der aktiven Steuerung hinaus, nämlich Karosseriebaugruppen hinsichtlich geometrischer Qualitätsmerkmale zielgerichtet zu optimieren, wurde im Rahmen des vierten Versuchs gezeigt, dass sich durch den Einsatz der hier erörterten Simulationssystematik erweiterte Analysemöglichkeiten eröffnen. Die durch den Fügeprozess in die Baugruppe eingebrachten mechanischen Spannungen können durch die Berechnung ermittelt und in der nachfolgenden Analyse bei der Beurteilung der Prozesseinflüsse verwendet werden.

6.3 Zentrale Einflüsse auf die Zuverlässigkeit der Steuerungssystematik

Für die vorgestellte Simulationssystematik zur Berechnung des Einzelteilverzuges in der Prozesskette Karosseriebau wurden vereinfachende Annahmen getroffen, um eine effiziente Berechnung großer und komplexer Baugruppen zu ermöglichen. Diese Vereinfachungen haben Auswirkungen auf die Genauigkeit der Berechnung. Zusätzlich wird die Ergebnisgüte beim Digitalisieren der Einzelteile, sowie bei der Positionierung der Einzelteile in der Karosseriebauvorrichtung wesentlich mitbestimmt. Nachfolgend werden die zentralen Einflüsse auf die Zuverlässigkeit der aktiven Steuerung erörtert.

Als Eingangsgröße für das geometrische Modell dienen bei der vorgestellten Steuerungssystematik Polygonnetze, die mittels optischer Messtechnik erfasst werden. Da also reale Einzelteilgeometrien verwendet werden, werden die Auswirkungen von Materialstreuungen und Streuungen des Umformprozesses auf die Einzelteilgeometrie in der Fügesimulation berücksichtigt.
Die **Werkstoffkennwerte** hingegen werden, wie bei Schweißsimulationen üblich, „als ideal homogen und isotrop für das gesamte jeweilige Einzelteil betrachtet. Eine Berücksichtigung von Seigerungen oder Texturen findet nicht statt. Ebenso wird der **Einfluss vorhergehender Prozessschritte** wie z.B. Urform-, Umform- und Wärmebehandlungsverfahren vernachlässigt. Damit sind die Einzelteile zu Beginn der Schweißsimulation ideal eigenspannungsfrei und besitzen keinerlei kumulierte plastische Dehnungen oder Vorverfestigungen." /SCHWENK.07.1/

Die Auswirkungen der vereinfachenden Annahmen des angewendeten **Ersatzmodells** auf die Ergebnisqualität wurden von Seiten der Entwicklungsgesellschaft des Ersatzmodells (INPRO GmbH) und der Vertriebsgesellschaft (ESI Group) zur Validierung desselben abgeprüft. Die Ergebnisse der Untersuchungen sind in diversen Veröffentlichungen nachzulesen: /RICK.01/, /TIKHOMIROV et al.04/, /TIKHOMIROV et al.05/, /ROLL et al.09/, /ESI GROUP.10/

Weitere Einflüsse auf die Genauigkeit der Berechnung kommen aus Bereichen, die mit der speziellen Vorgehensweise der Steuerungssystematik eng verknüpft sind. Im Rahmen der vorliegenden Arbeit wurde die Problematik der **Messung nicht eigenstabiler Teile** bereits mehrfach thematisiert. Für die Fügesimulation ist es von wesentlicher Bedeutung, dass die Geometrien ungespannt gemessen werden, da die Spannungen, die durch eine überbestimmte Lagerung in das Einzelteil eingebracht werden, wesentlich für die Ausbildung des Verzuges der Baugruppe sind, jedoch bei der Digitalisierung nicht erfasst werden. In Zusammenhang mit der Versuchsreihe mit der *BG Seitenwandrahmen hinten innen* hat sich die Lagerung des nicht eigenstabilen Einzelteils *Seitenwandrahmen hinten innen* sowie der fertigen Baugruppe während der Messung in der Karosseriebauvorrichtung als zielführend erwiesen. Dennoch bleibt die Entwicklung einer fundierten Messstrategie für nicht eigenstabile Teile ein offenes Arbeitsfeld. Eine Idee zur Vermessung solcher Einzelteilgeometrien wurde in Kapitel 3.1.3 skizziert.

Ein weiterer wichtiger Einflussfaktor auf die Zuverlässigkeit der Fügesimulation liegt in der **Wiederholgenauigkeit bei der Positionierung der Einzelteile** in der Karosseriebauvorrichtung. Für die Fügesimulation soll in der Regel nur einmal die Position der Aufnahme- und Spannelemente der Vorrichtung erfasst und als Basis für alle weiteren Berechnungen dieser Baugruppe herangezogen werden. Je größer die Streuungen bei der Positionierung der Einzelteile in der Karosseriebauvorrichtung sind, desto weniger zuverlässig ist die berechnete Geometrie der gefügten Baugruppe. Der Grund hierfür liegt sicher auch darin, dass in der Fügesimulation keine direkte Interaktion von Vorrichtungen und Einzelteilen abgebildet wird, sondern mit einem einfachen Ersatzmodell (Zuweisung von Knotensteifigkeiten, siehe Kapitel 5.2.2) gerechnet wird. Eine konkrete Modellierung der Karosseriebauvorrichtung als FE-Modell ist jedoch zu aufwändig und steht den Anforderungen an die Simulationsmethode entgegen.

6.4 Nutzenbetrachtung der aktiven Steuerung

Die im Rahmen dieser Arbeit vorgestellte aktive Steuerung für den Karosseriebau in der Vorserie muss hinsichtlich ihres Nutzens bewertet werden.
Ein Ziel in der Vorserienphase ist es, den Reifegrad von Produkt, Prozess und Ressource bis zur Serientauglichkeit zu steigern. Zu diesem Zweck müssen Produkt, Prozess und Ressource einer analytischen Betrachtung unterzogen werden, um alle Einflüsse, die diesem Ziel entgegenwirken, zu identifizieren. Der nächste Schritt im Analyseprozess sieht dann die Definition von Maßnahmen vor, welche die negativen Auswirkungen dieser Einflüsse auf die geometrischen Qualitätsziele beseitigt oder zumindest minimiert. Anschließend stehen die Umsetzung der Maßnahme sowie die Wirksamkeitskontrolle an. Die Wirksamkeit der Maßnahme im Vorhinein richtig abzuschätzen ist oftmals eine große Herausforderung, da die für die Analyse eines Problems zur Verfügung stehenden Daten im Allgemeinen den Einfluss von Produkt, Prozess und Ressource in ihrer Gesamtheit repräsentieren. Für die Analyse und die Abschätzung der Wirksamkeit einer Maßnahme ist es aber notwendig, die drei Faktoren und deren Einfluss auf die Qualitätsziele isoliert zu betrachten. Die aktuelle Verfahrensweise sieht dafür Messreihen vor, bei denen zwei der Faktoren konstant gehalten werden und der dritte variiert wird. Daraus resultiert eine iterative Erreichung der produktbezogenen Qualitätsziele, wie dies bereits in Kapitel 4 erörtert wurde.

Die im vorangegangenen Kapitel beschriebenen Versuchsreihen zur Validierung der in Kapitel 5 vorgestellten aktiven Steuerung der geometrischen Qualitätsziele für den Karosseriebau zeigen das Potential auf, das sich durch eine Verknüpfung der physischen Fahrzeugfertigung mit virtuellen Simulationstechniken erschließen lässt:
Mittels einer Fügesimulation lassen sich systematische Einflüsse auf die Qualität einer Baugruppe gezielt untersuchen. Im Gegensatz zum physischen Fahrzeugbau können in der Simulation Einflüsse von Produkt, Prozess und Ressource ohne Mehraufwand isoliert betrachtet werden. Die Analyse der Prozesskette Karosseriebau kann mit einer Fügesimulation daher mit einem breiten Datenfundament versorgt, sowie das Zusammenwirken von Produkt, Prozess und Ressource zielgerichtet untersucht und bewertet werden – und das auf Basis von Einzelteilgeometrien. Erste Absicherungs- und Optimierungsmaßnahmen können so bereits in der frühen Entwicklungsphase durchgeführt werden. In der Bauphase kann die Wirksamkeit von Optimierungsmaßnahmen bereits vor der physischen Fertigung von Fahrzeugen abgesichert werden. Über die reine Analyse von geometrischen Qualitätsmerkmalen hinaus ergibt sich durch die aktive Steuerung die zusätzliche Möglichkeit, den mechanischen Spannungseintrag durch den Fügeprozess zu betrachten. Dies eröffnet neue Möglichkeiten bei der Analyse von Produkt, Prozess und Ressource und führt zu einer schnelleren Erreichung der produktbezogenen Qualitätsziele und zu einer Verringerung von kostenintensiven Einzelteiländerungen im Serienwerkzeug.

Die Anforderungen an die Simulationsmethode wurden bereits in Kapitel 4 formuliert:

- schnelle Berechnung verschiedener Varianten (Ermittlung von Stellgrößen der Karosseriebauvorrichtung zur Optimierung der Baugruppengeometrie)
- Simulation großer und komplexer Einzelteile
- schneller und häufiger Simulationsbedarf
- schnelle Reaktionsfähigkeit bei sich häufig ändernde Einzelteilstände bzw. -geometrien

Wie zuvor angesprochen, muss aufgrund des häufigen und schnellen Simulationsbedarfs in der Bauphase in diesem Zeitraum der zeitliche Aufwand für die Erstellung und Durchführung einer Simulation minimiert werden. Dies wird zum einen durch die Verwendung eines mechanischen Ersatzmodells bei der Berechnung des Schweißprozesses erreicht (Verringerung der Rechenzeit). Zum anderen nimmt das Pre-Processing sehr viel Zeit in Anspruch. Durch die Erstellung eines Mastermodells für eine Problemstellung bereits in der Konstruktionsphase wird dieser Arbeitsaufwand aus der zeitkritischeren Bauphase vorverlagert; die Projektion des geometrischen Mastermodells auf reale Einzelteilgeometrien minimiert den Zeitbedarf in der Bauphase. Der Funktionsnachweis dieses Vorgehens wurde im Rahmen der beschriebenen Versuchsreihen erbracht.

Im Zuge der Versuche mit der *BG Säule A innen unten* konnte durch den Einsatz der Fügesimulation für die Abweichungen, wie sie im Ergebnis des ersten Versuchs im Bereich des Schweißpunktflansches zu sehen sind (Abbildung 4-4 und B-4), als Ursache vorrangig der Fügeprozess identifiziert werden. Die Abweichung ist in ihrer Tendenz schon in der Fügesimulation, welche auf CAD-Einzelteilgeometrien basiert, zu erkennen (Abbildung 4-4). Damit scheidet die Geometrie der realen Einzelteile als Hauptursache aus. Als Optimierungsmaßnahme wird in der Nähe des Flansches ein zusätzliches Gegenlager in die Karosseriebauvorrichtung eingebracht. Die Wirksamkeit der Maßnahme wird vor deren Umsetzung mit der Simulation geprüft. Der zeitliche und finanzielle Aufwand für die Absicherung dieser Maßnahme mittels FE-Berechnung ist im Vergleich zur späteren physischen Umsetzung sehr gering und verringert das Risiko, eine unwirksame Maßnahme umzusetzen, erheblich.
Aufgrund der Unterstützung des Analyseprozesses in der Bauphase mit der Simulationssystematik sind schon vor dem Aufbau der ersten Baugruppe die beschriebenen Abweichungen im Flanschbereich erwartet worden. Diese erste Versuchsgruppe wurde nur zur Validierung des ersten Simulationsergebnisses der *BG Säule A innen unten* angefertigt. Im Normalfall wäre noch vor dem Aufbau dieser Baugruppe die Optimierungsmaßnahme umgesetzt worden, womit mit der ersten physischen Baugruppe bereits eine verbesserte Qualität erzielt worden wäre.
Durch den Einsatz der Fügesimulation in der Konstruktionsphase hätte bereits zu diesem frühen Zeitpunkt der Einfluss des Fügeprozesses auf die Baugruppengeometrie identifiziert werden können. Die Definition der entsprechenden

Optimierungsmaßnahmen und die Umsetzung in der Karosseriebauvorrichtung wäre damit noch vor der Bauphase möglich gewesen.

Auch im Rahmen der Versuchsreihe *BG Seitenwandrahmen hinten innen* konnte eine zuverlässige Berechnung der Baugruppengeometrie mit Kenntnis der Einzelteilgeometrien, des Fügeprozesses und der Vorrichtung erreicht werden. Für diese komplexe Versuchsgruppe wurden zunächst drei Baugruppen mit unterschiedlichen Einzelteilen bei gleicher Vorrichtungskonfiguration gefertigt. Durch dieses Vorgehen wurde die Übertragbarkeit des Prozessmodells der Simulation (siehe Abbildung 5-1) auf verschiedene Geometriemodelle untersucht. Die Versuchsergebnisse bestätigen dieses Vorgehen.
Für den nächsten Versuch wurde die Abfolge der Schweißpunkte variiert. Eine signifikante Änderung der Baugruppengeometrie aufgrund der veränderten Punktreihenfolge kann sowohl im Simulationsergebnis als auch im Messergebnis nicht festgestellt werden. Gleichwohl bietet sich im Post-Processing der Simulation die Möglichkeit, neben den geometrischen Veränderungen auch den Spannungseintrag in die Baugruppe während des Fügeprozesses zu analysieren. Der Vergleich der von-Mises-Spannungen der ersten Versuchsbaugruppe mit der vierten macht unterschiedliche Auswirkungen auf die Baugruppen durch die verschiedenen Schweißabfolgen sichtbar. Eine Option, die bis dato noch nicht verfügbar war.
Der fünfte Versuch hatte eine Optimierung der Baugruppengeometrie im Bereich *Verstärkung Säule D unten* und *Eckversteifung Säule D* zum Ziel. Im Rahmen der Analyse wurde zunächst festgestellt, dass die Abweichungen in diesem Bereich, wie sie bei den Versuchsgruppen eins bis vier zu sehen sind, ihre Ursache nicht in den Einzelteilgeometrien haben. Bei der Analyse der Messdaten der Karosseriebauvorrichtung wurden Abweichungen bei der Position eines Zentrierbolzens festgestellt, welcher die Verstärkung Säule D unten in x-z-Richtung positioniert. Diese Abweichung wurde zunächst im geometrischen Modell der Simulation korrigiert und das Einzelteil entsprechend neu ausgerichtet. Das Ergebnis der Fügesimulation ließ eine deutliche Verbesserung der Maßhaltigkeit der Baugruppe im Bereich *Verstärkung Säule D unten* und *Eckversteifung Säule D* erwarten. Diese Erwartung wurde nach Umsetzung der Maßnahme in der realen Vorrichtung und dem Fügen der Einzelteile vom Messergebnis bestätigt.

Die ersten drei Versuche mit der *BG Seitenwandrahmen hinten innen* zeigen die Übertragbarkeit von Einstellungsparametern der Karosseriebauvorrichtung in die Simulation. Die Optimierungsmaßnahmen, die für die *BG Säule A innen unten* und die *BG Seitenwandrahmen hinten innen* mittels Fügesimulation abgesichert und dann in die Vorrichtung übertragen wurden, zeigen auf, dass auch der umgekehrte Abgleich funktioniert. Der bidirektionale Abgleich von Einstellparametern der Vorrichtung, wie er in Kapitel 4 als notwendig für die aktive Steuerung gefordert wurde, ist also möglich.

Zusammenfassend wurde durch die Versuchsreihen bestätigt, dass mittels einer aktiven Steuerung für die geometrischen Qualitätsziele des Karosseriebaus

- Erkenntnisse über die zu erwartende Qualität der Baugruppe vor dem Fügen realer Einzelteile erlangt werden können.
- Stellgrößen für die Karosseriebauvorrichtung zur zielgerichteten Optimierung der Baugruppengeometrie vor der Fertigstellung realer Baugruppen ermittelt werden können.
- eine systematische Erfassung und Bewertung der Einflüsse von Einzelteilgeometrien, Fügeprozess und Fertigungsressource auf die Baugruppen ermöglicht wird.

Die Kopplung von physischem Fahrzeugbau mit einer Fügesimulation wurde somit realisiert, was die Grundlage der aktiven Steuerung des Karosseriebaus darstellt. Damit lassen sich folgende Verbesserungen im Produktprozess erreichen:

- schnellere und systematische Erreichung der produktbezogenen Qualitätsziele
- Reduzierung von Einzelteiländerungen im Serienwerkzeug

Die aktive Steuerung des Karosseriebaus trägt damit direkt dazu bei, das Gleichgewicht im Spannungsfeld aus Termin-, Qualitäts- und Kostenzielen zu stabilisieren.

7 Zusammenfassung und Ausblick

Die produktbezogenen Qualitätsziele im Fahrzeuganlauf in der Prozesskette Karosseriebau werden beim derzeitigen Stand der Technik iterativ mittels eines reaktiven Analyseprozesses erreicht. Zur Analyse der Auswirkungen von maßlichen Abweichungen von Einzelteilgeometrien und Einflüssen des Fügeprozesses auf die Karosserie ist dabei die Anfertigung physischer Baugruppen notwendig. Auf Basis der gewonnenen Erkenntnisse werden Optimierungsmaßnahmen für die Einzelteilgeometrie und/oder den Fertigungsprozess definiert. Die Abschätzung der Wirksamkeit dieser Maßnahmen stellt eine große Herausforderung dar und macht oftmals ein iteratives „herantasten“ an das Qualitätsziel notwendig.

Die im Rahmen dieser Arbeit vorgestellte aktive Steuerung der geometrischen Qualitätsziele des Karosseriebaus in der Vorserie sieht den Einsatz einer Fügesimulation zur zielgerichteten Analyse von Produkt, Prozess und Ressource vor. In der Prozesskette Karosseriebau lassen sich damit die Auswirkungen von Einzelteilabweichungen und Prozesseinflüssen systematisch bewerten. Das Ziel war es, mittels einer FE-Analyse Erkenntnisse über die zu erwartende Qualität der Baugruppe vor dem Fügen realer Einzelteile zu erlangen. In der frühen Entwicklungsphase werden dabei durch die Simulation, welche auf Basis von CAD-Daten erstellt wird, systematische Prozesseinflüsse auf die Baugruppengeometrie berechnet. Mit dieser Information können bereits vor der Erstellung von Werkzeugen und Vorrichtungen erste Optimierungsmaßnahmen an Produkt, Prozess und Ressource vorgenommen werden.
In der darauffolgenden Bauphase basiert das geometrische Modell dann nicht mehr auf CAD-Daten, sondern integriert optisch vermessene Geometrien realer Einzelteile in die Berechnung. Die Simulation des Fügeprozesses mit realen Einzelteilgeometrien, sowie

mit realen Prozess- und Vorrichtungsdaten, ermöglicht eine direkte Kopplung von physischem Fahrzeugbau mit der Simulationssystematik. Dies stellt einen neuen, bisher nicht betrachteten Ansatz dar. Die Maßnahmen für den Produktionsprozess zur zielgerichteten Optimierung der Baugruppengeometrie können mit dieser Vorgehensweise virtuell ermittelt und abgesichert werden.

Um den Anforderungen im automobilen Produktionsbereich gerecht zu werden, muss der zeitliche Aufwand zur Modellierung und Berechnung einer Problemstellung minimiert werden. Aus diesem Grund wird für die Berechnung der Auswirkungen des Fügeprozesses auf die Baugruppengeometrie für das im Rahmen dieser Arbeit im Fokus stehende Widerstandspunktschweißverfahren ein mechanisches Ersatzmodell verwendet und keine transiente thermische Ermittlung des Schweißverzuges durchgeführt. Zur Reduzierung des Modellierungsaufwandes für die Fügesimulation während der Bauphase wird eine Methode beschrieben, welche die relativ zeitintensive Erstellung eines Master-Simulationsmodells bereits in der weniger zeitkritischen Konstruktionsphase vorsieht. Dieses Mastermodell basiert geometrisch auf den CAD-Daten der Einzelteile und kann in der Konstruktionsphase bereits zur Ermittlung und Analyse systematischer Prozesseinflüsse auf die Baugruppengeometrie herangezogen werden. Damit können bereits in dieser Phase erste Optimierungen an der Karosseriebauvorrichtung vorgenommen werden, bevor diese physisch erstellt wird. Während der Bauphase wird das geometrische Mastermodell dann auf die optisch vermessenen Einzelteilgeometrien projiziert. Die zu diesem Zeitpunkt in der Karosseriebauvorrichtung vorgesehenen realen Vorhaltungen werden in das Prozessmodell eingepflegt. Diese Vorgehensweise senkt den Zeitbedarf für das Pre-Processing des Simulationsmodells für konkrete Einzelteilgeometrien auf ein Minimum.

Der Funktionsnachweis der hier vorgestellten aktiven Steuerung des Karosseriebaus in der Vorserie wurde anhand zweier Versuchsreihen erbracht:

- *BG Säule A innen unten*, besteht aus zwei Einzelteilen, ist eigenstabil und geometrisch wenig komplex

- *BG Seitenwandrahmen hinten innen*, besteht aus vier Einzelteilen, ist nicht-eigenstabil und geometrisch sehr komplex

Im Rahmen dieser Versuchsreihen wurden für beide Baugruppen zunächst die aktuellen Konfigurationen der Karosseriebauvorrichtungen in die Simulation als Ist-Stand übertragen und verifiziert. Anschließend wurde durch eine Analyse der Simulationsergebnisse sowie der Einzelteilgeometrien für jede Versuchsgruppe eine Maßnahme zur Optimierung der Baugruppengeometrie definiert und deren Wirksamkeit über die Simulation abgesichert. Diese Maßnahme wurde daraufhin in die Karosseriebauvorrichtung übertragen und eine Baugruppe mit dieser Konfiguration angefertigt. Des Weiteren wurde für beide Versuchsgruppen eine Veränderung der Schweißabfolge vorgenommen, um die Sensitivität der Simulationssystematik bezüglich variierender Randbedingungen zu untersuchen.
Bei allen Versuchen konnte eine gute Übereinstimmung zwischen Simulations- und Messergebnis erreicht und somit die bidirektionale Kopplung der aktiven Steuerung mit

dem physischen Fahrzeugbau bewiesen werden. Durch den Einsatz der Fügesimulation konnten mehrere Optimierungsmaßnahmen virtuell untersucht und deren Wirksamkeit abgesichert werden. Die Umsetzung dieser Maßnahmen in der Vorrichtung führte in einem Schritt zu einer deutlich verbesserten Baugruppenqualität.
Über die Berechnung der Baugruppengeometrie hinaus lässt sich mit der Fügesimulation auch der Spannungseintrag in die Baugruppe über den Fügeprozess analysieren. Eine Information, die bisher nicht verfügbar war und beispielsweise bei der Festlegung der Schweißabfolge oder der Vorhaltungen wertvoll sein kann.
Die in dieser Arbeit durchgeführten Untersuchungen belegen eindeutig das Potential der aktiven Steuerung, zu einer schnelleren Erreichung der produktbezogenen Qualitätsziele in der Vorserienphase beizutragen. Durch die systematische Bewertung der Einflüsse von Einzelteilgeometrien, Fügeprozess und Fertigungsressource auf die Baugruppengeometrie lassen sich zudem kostspielige Änderungen von Einzelteilgeometrien im Serienwerkzeug reduzieren.
Zusammenfassend lässt sich an dieser Stelle sagen, dass der Analyseprozess in der Vorserie durch den Einsatz der aktiven Steuerung eine deutliche Verbesserung erfährt. Die produktbezogenen Qualitätsziele können durch den Einsatz der beschriebenen Simulationssystematik sicherer erreicht werden. Das iterative und reaktive Optimieren von Qualitätsmerkmalen weicht einem aktiven Analyseprozess, durch den die Qualität zielgerichtet gesteuert wird.

Eine ungelöste Herausforderung im Zusammenhang mit der aktiven Steuerung stellt die Lagerung von nicht-eigenstabilen Einzelteilen (nach DIN ISO 10579) zur messtechnischen Erfassung dar. Um eine wiederholgenaue Positionierung dieser Teile zu ermöglichen, ist es notwendig, über die sechs Freiheitsgrade des Einzelteils hinaus zusätzliche Stützstellen zu definieren. Durch diese Nebenreferenzstellen wird die Einzelteilgeometrie im Allgemeinen beeinflusst und zusätzliche Spannungen werden in das Einzelteil eingebracht. Die Aufnahme der Einzelteile während der Messung bestimmt daher in gewisser Weise das Messergebnis, wobei die Spannungen, die durch die überbestimmte Lagerung in den Teilen entstehen, nicht erfasst werden.
Da für die aktive Steuerung reale Einzelteilgeometrien verwendet werden, ist eine Messstrategie für nicht-formstabile Teile ein wichtiges, noch offenes Arbeitsfeld. Für die im Rahmen dieser Arbeit untersuchte *BG Seitenwandrahmen hinten innen* hat es sich für die Simulation als zielführend erwiesen, die nicht-formstabilen Einzelteile und Baugruppen ungespannt in der Karosseriebauvorrichtung zu vermessen. Eine Idee zur Vermessung nicht eigenstabiler Einzelteile wurde in Kapitel 3.1.3 skizziert.

Im Rahmen der virtuellen Prozesskette ergeben sich in der Entwicklungs- und Konstruktionsphase weiterführende Anwendungsmöglichkeiten für die Fügesimulation:
Die Einzelteilgeometrien werden aktuell so entwickelt und produziert, wie sie später im endmontierten Fahrzeug aussehen sollen. Die fertigungsbedingten Einflüsse entlang der Produktionskette (Karosseriebau, Lack, Endmontage) auf die Teile bleiben dabei unberücksichtigt.

Durch ein „Rückwärtsrechnen" der einzelnen Fertigungseinflüsse, angefangen bei der Endmontage über die Lackier-, Trockner-, und KTL-Simulation bis hin zur Fügesimulation im Karosseriebau (siehe **Abbildung 7-1**), kann man zu einer vollständig

kompensierten Einzelteilgeometrie gelangen. Die Einzelteile werden dann so gefertigt, dass sie im endmontierten Fahrzeug nach Einwirkung aller Prozesseinflüsse CAD-Gestalt haben. Mit diesem Vorgehen würde die Ermittlung von Prozessvorhaltungen aus der Bauphase in die Entwicklungsphase vorverlagert. Virtuell würde ein spezieller Konstruktionsdatensatz für die Einzelteilfertigung ermittelt werden.
Zur Erreichung dieses Zieles ist ein deutlicher Fortschritt der einzelnen Simulationsdisziplinen notwendig. Speziell für die Fügesimulation muss in Zukunft an einer Erweiterung verfügbarer Ersatzmodelle zur schnellen Berechnung der Auswirkungen des Fügeprozesses auf die Einzelteilgeometrien gearbeitet werden. Im Zuge der Gewichtsreduzierungsmaßnahmen im Bereich der Karosserie und dem daraus resultierenden bunten Materialmix besteht insbesondere großes Interesse an Ersatzmodellen für mechanische Fügeverfahren wie Clinchen, Schrauben oder Nieten.

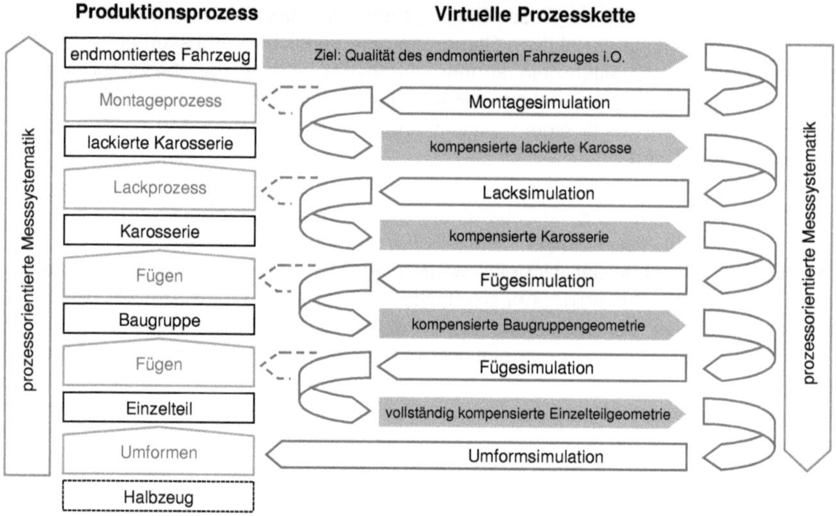

Abbildung 7-1 Ermittlung einer vollständig kompensierten Einzelteilgeometrie durch Verknüpfung des Produktionsprozesses mit der virtuellen Prozesskette

A Versuchsergebnisse

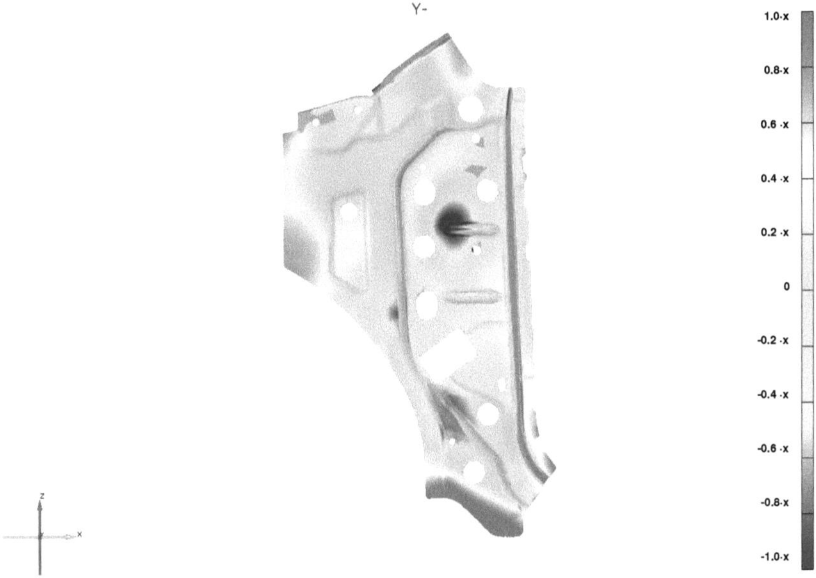

Abbildung A-1 Messung Einzelteilabweichungen Säule A unten innen

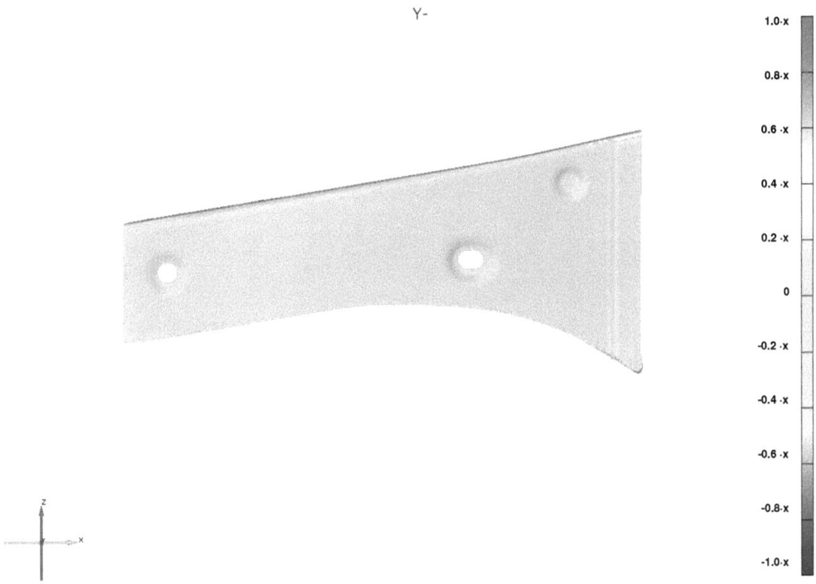

Abbildung A-2 Messung Einzelteilabweichungen Längsträger oben innen

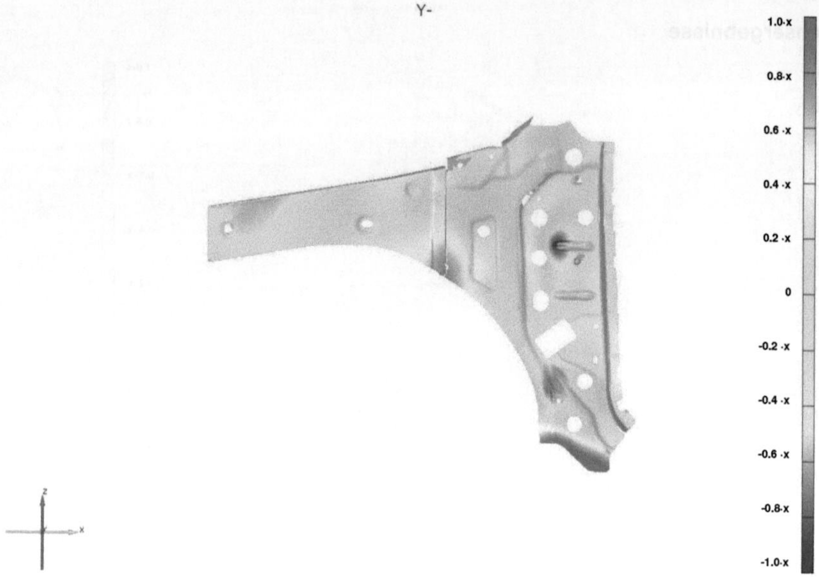

Abbildung A-3 BG Säule innen unten - Versuch I Messung

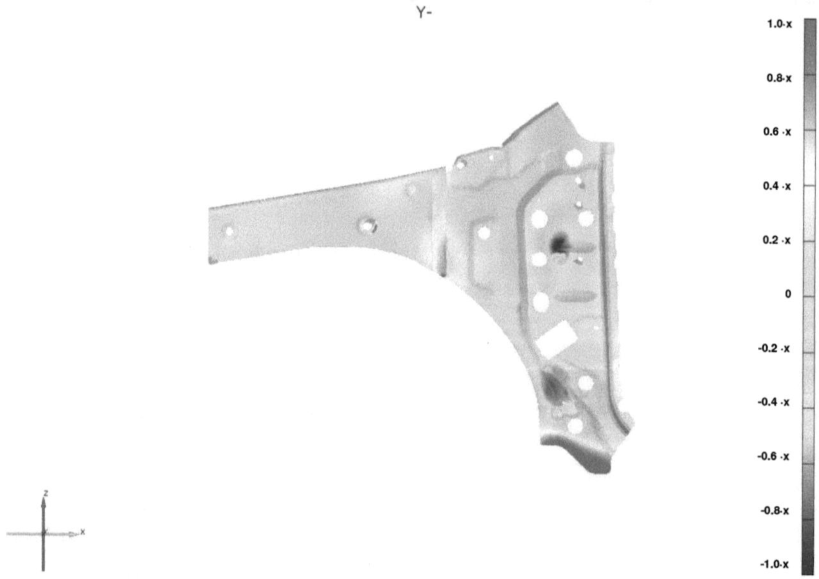

Abbildung A-4 BG Säule innen unten - Versuch I Simulation

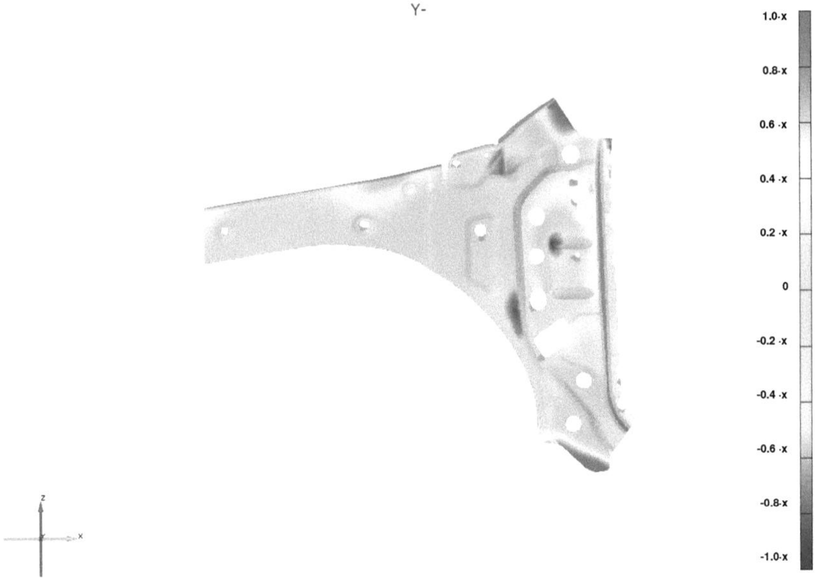

Abbildung A-5 BG Säule innen unten - Versuch II Messung

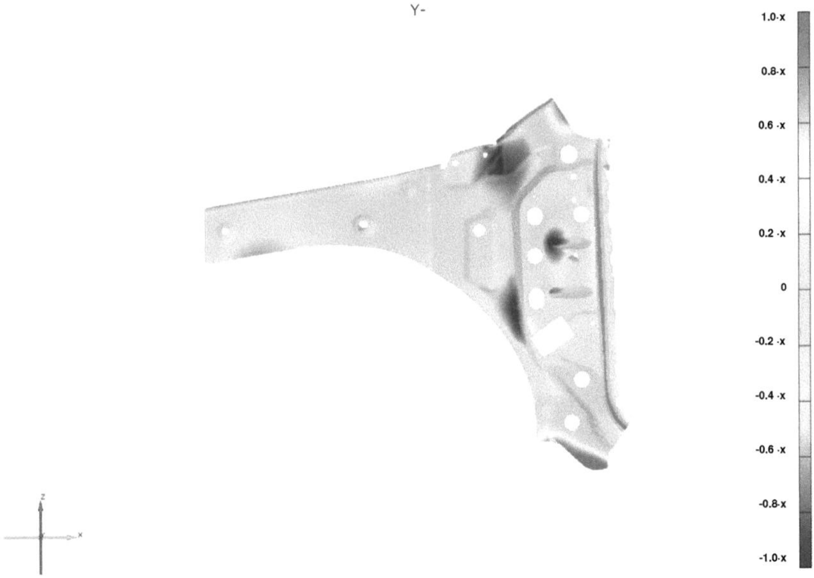

Abbildung A-6 BG Säule innen unten - Versuch II Simulation

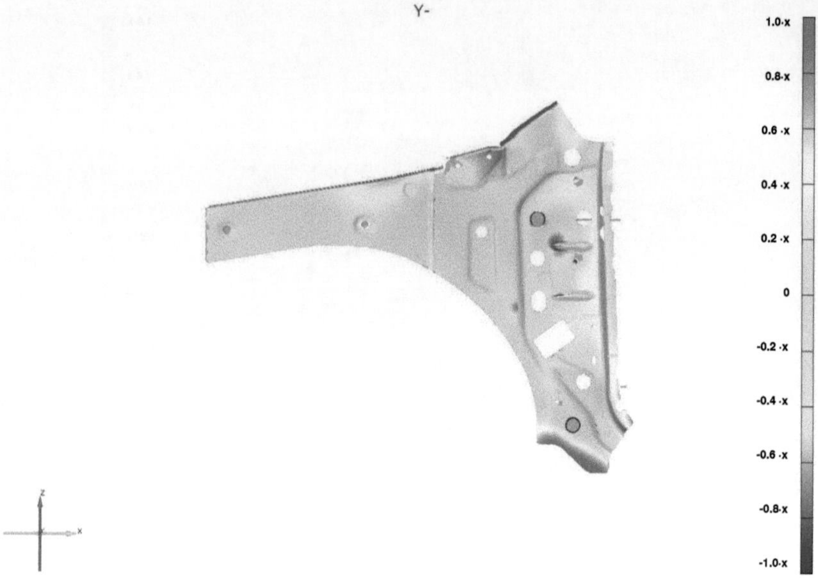

Abbildung A-7 BG Säule innen unten - Versuch III Messung

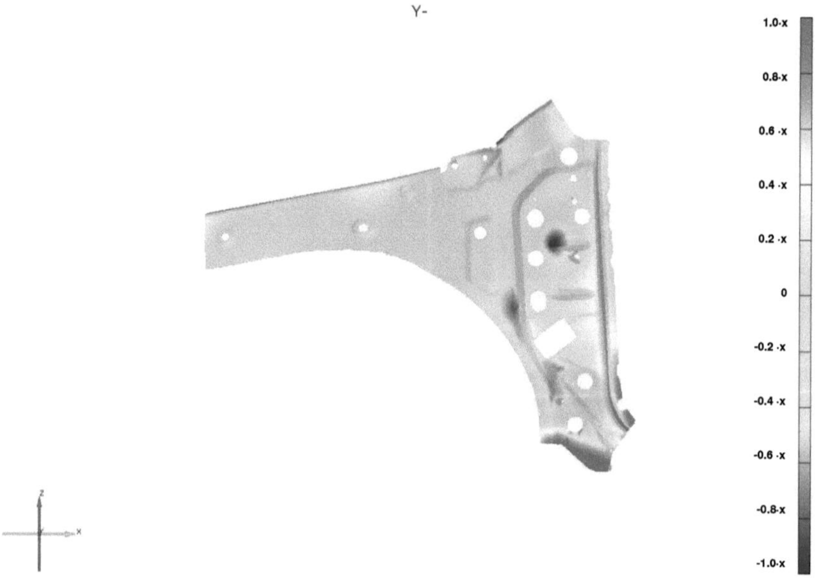

Abbildung A-8 BG Säule innen unten - Versuch III Simulation

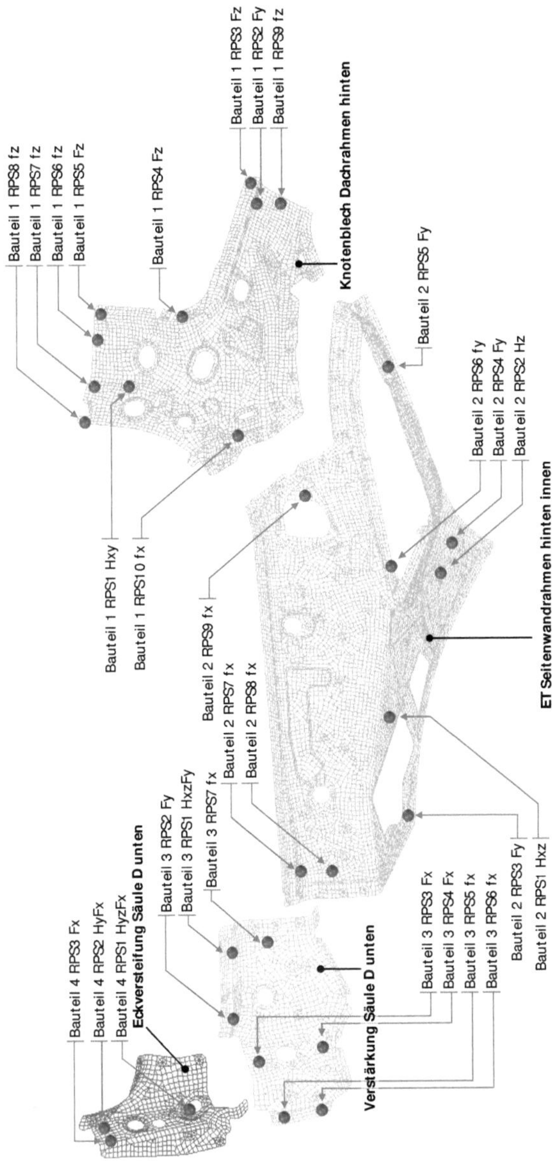

Abbildung A-9 Aufnahme- und Spannstellen der BG Seitenwandrahmen hinten innen

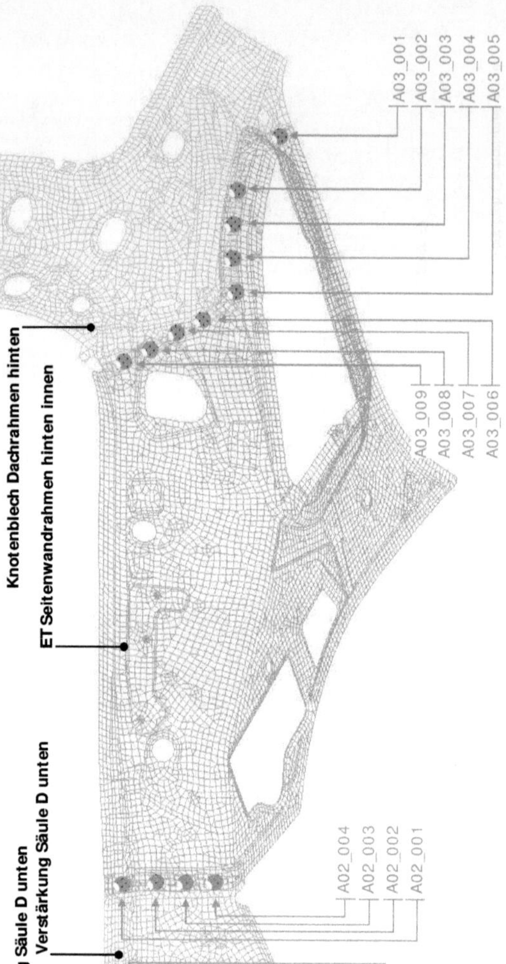

Abbildung A-10 Schweißpunkte der BG Seitenwandrahmen hinten innen

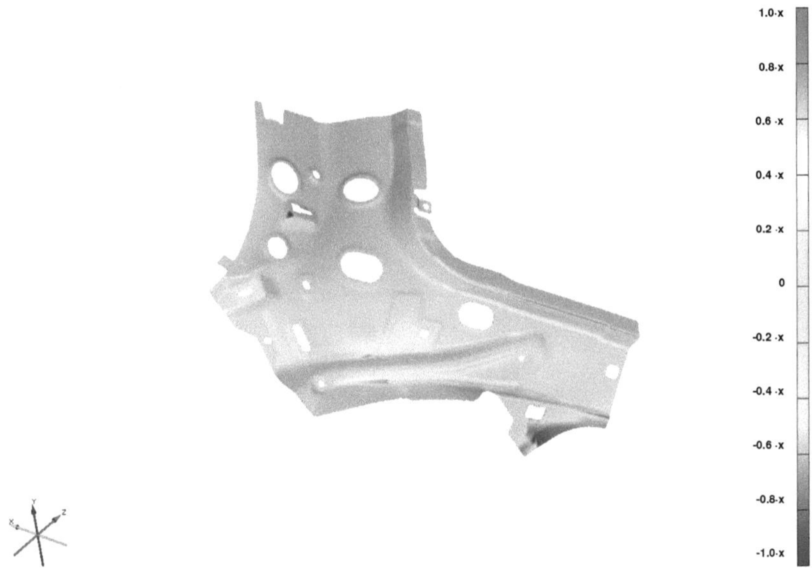

Abbildung A-11 Messung Einzelteilabweichungen Knotenblech Dachrahmen hinten

Abbildung A-12 Messung Einzelteilabweichungen Seitenwandrahmen hinten innen

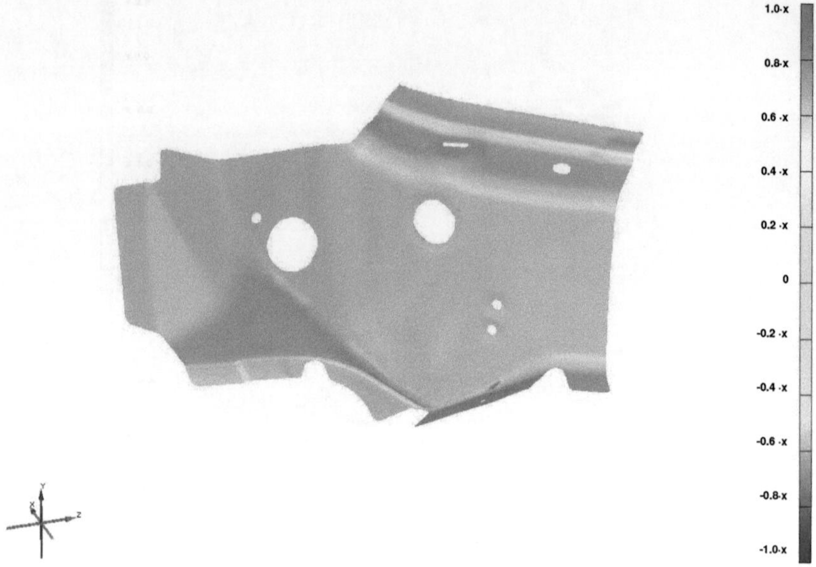

Abbildung A-13 Messung Einzelteilabweichungen Verstärkung Säule D unten

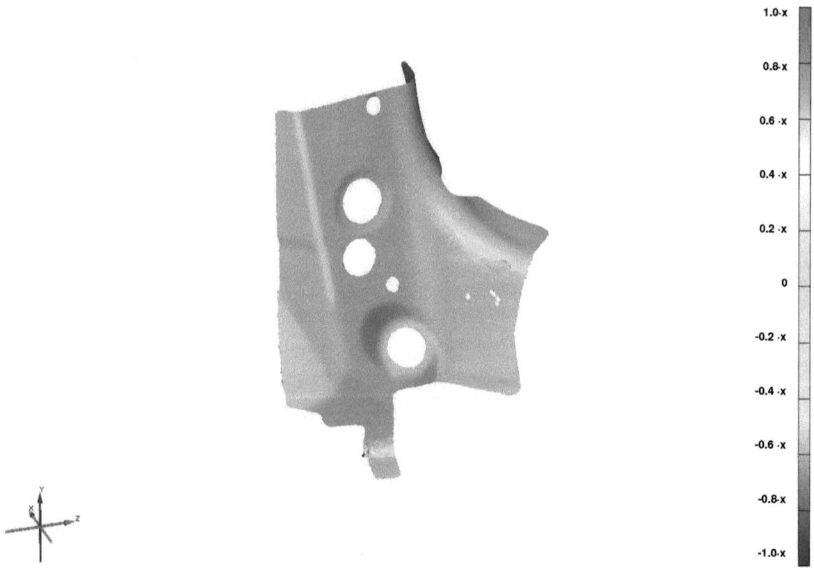

Abbildung A-14 Messung Einzelteilabweichungen Eckversteifung Säule D unten

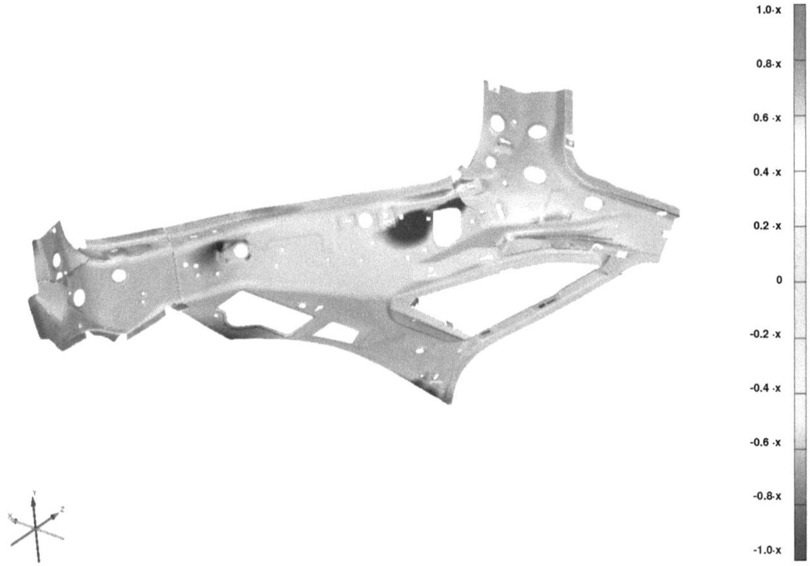

Abbildung A-15 BG Seitenwandrahmen hinten innen - Versuch I Messung

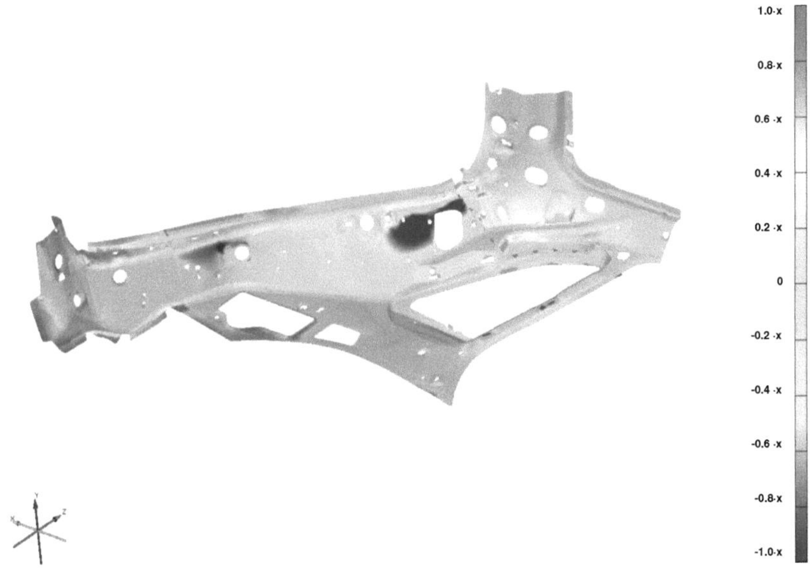

Abbildung A-16 BG Seitenwandrahmen hinten innen - Versuch I Simulation

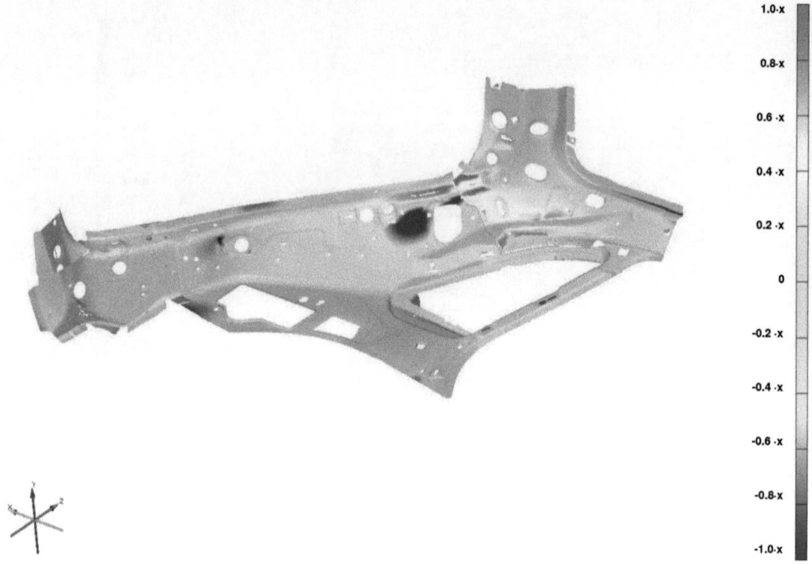

Abbildung A-17 BG Seitenwandrahmen hinten innen - Versuch II Messung

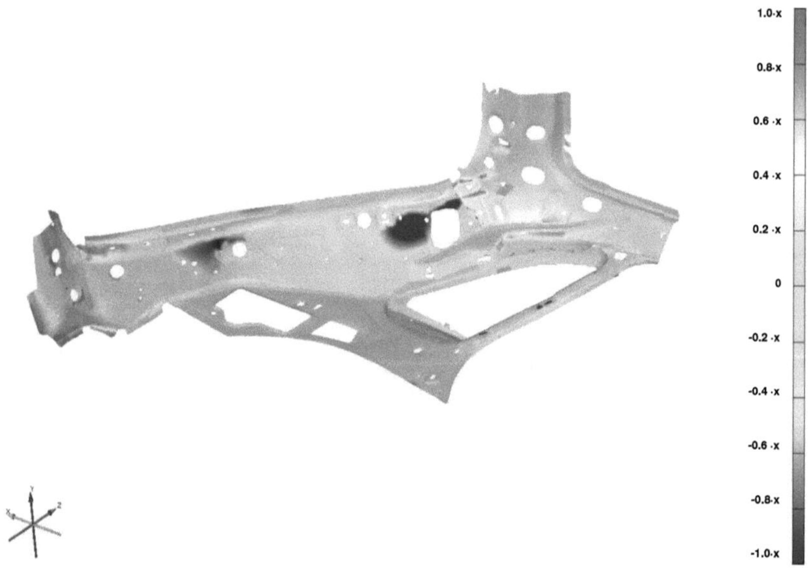

Abbildung A-18 BG Seitenwandrahmen hinten innen - Versuch II Simulation

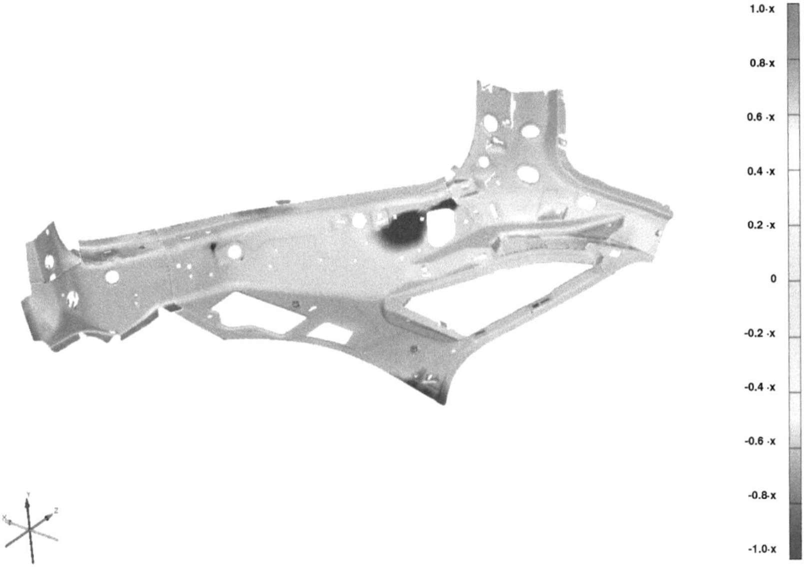

Abbildung A-19 BG Seitenwandrahmen hinten innen - Versuch III Messung

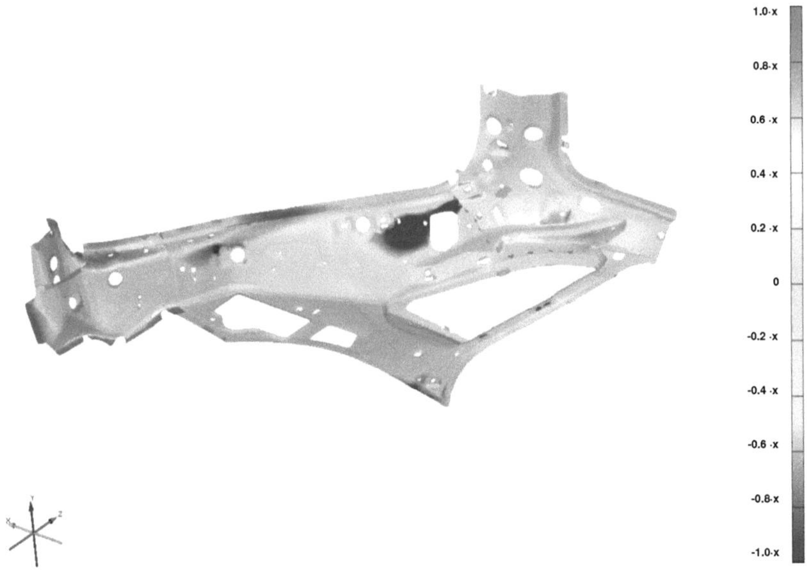

Abbildung A-20 BG Seitenwandrahmen hinten innen - Versuch III Simulation

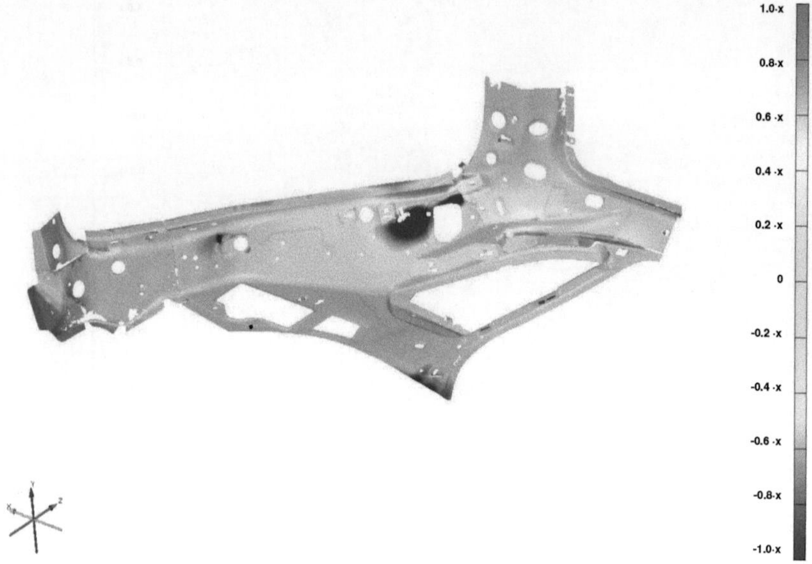

Abbildung A-21 BG Seitenwandrahmen hinten innen - Versuch IV Messung

Abbildung A-22 BG Seitenwandrahmen hinten innen - Versuch IV Simulation

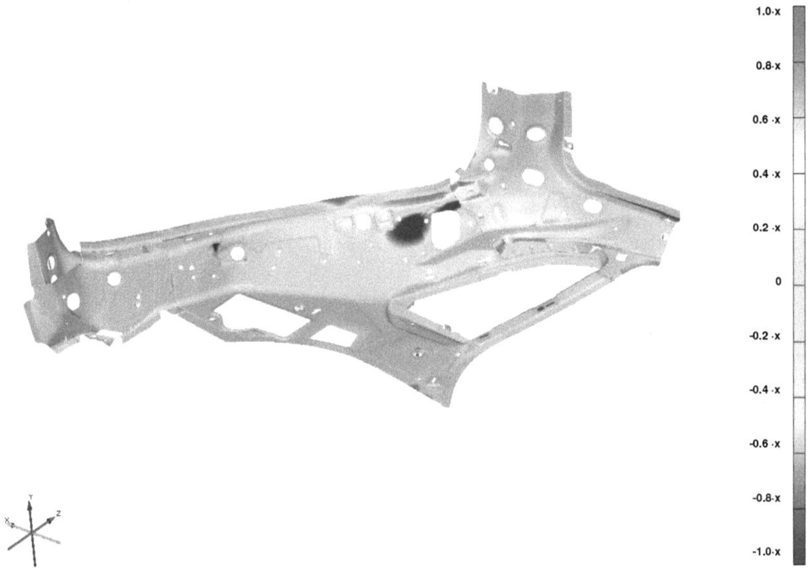

Abbildung A-23 BG Seitenwandrahmen hinten innen - Versuch V Messung

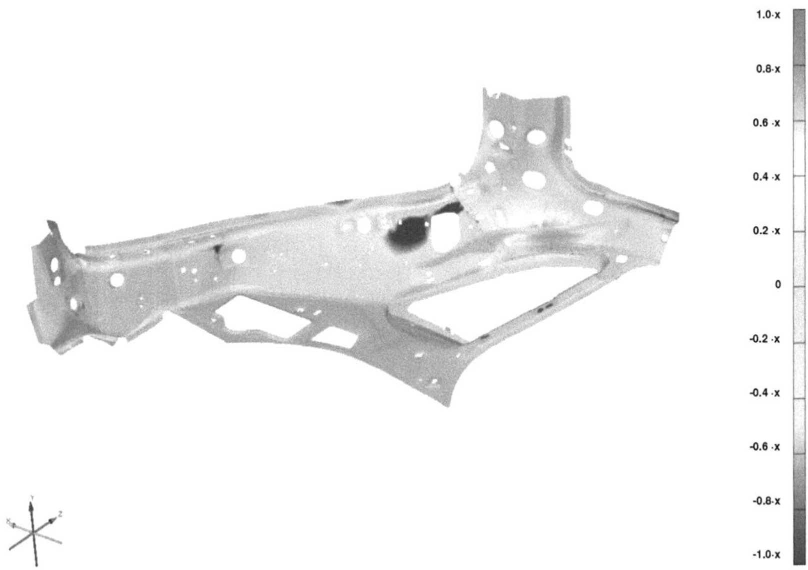

Abbildung A-24 BG Seitenwandrahmen hinten innen - Versuch V Simulation

B Literaturverzeichnis

/ADAMS et al.03/ Bernhard Adams, Stefan Kruse, Alexandre Mamoutov 2003
Einsatz ultrahochfester Mehrphasen-Stähle für tiefgezogene PKW-Strukturen
http://home.edvsz.fh-osnabrueck.de/adams/web/forschung/blechumformung/utf-science.pdf
(Stand 01. Dezember 2011)

/ALBRECHT.07/ Volker Albrecht 2007
Leichte Bleche – schwer herzustellen
http://www.blechrohreprofile.de/bl-05-2007/artikel_-leichte-bleche-and-8211;-schwer-herzustellen-_7739_4_241_de.html
(Stand 01. Dezember 2011)

/ASP.00/ Auto/Steel Partnership 2000
Automotive Sheet Steel Stamping Process Variation
http://www.a-sp.org/database/custom/bsa/stampingProcess.pdf
(Stand 01. Dezember 2011)

/ASP.02/ Auto/Steel Partnership 2002
Body Systems Analysis: A Benchmark Study of Automotive Door Dimensional Quality - Executive Summary
http://www.a-sp.org/database/print.asp?doc=65
(Stand 01. Dezember 2011)

/ASP.99.2/ Auto/Steel Partnership 1999
Automotive Body Measurement System Capability
http://www.a-sp.org/database/custom/bsa/autobodymeasure.pdf
(Stand 01. Dezember 2011)

/ASP.99.1/ Auto/Steel Partnership 1999
Event-Based Functional Build: An Integrated Approach to Body Development
http://www.a-sp.org/database/custom/bsa/bodydevexec.pdf
(Stand 01. Dezember 2011)

/BARON et al.99/ Jay Baron, Shannon Wahl, Patrick Hammett 1999
Using Flexible Criteria to Improve Manufacturing Validation During Product Development
http://www-personal.umich.edu/~phammett/Papers/fb-cera-journal.pdf
(Stand 01. Dezember 2011)

/BARON et al.97/ Patrick C. Hammett, Jay S. Baron, Karl D. Majeske 1997
Evaluating Multi-Dimensional Sheet Metal Assemblies Using A Biased Sample of Stamped Components
http://www-personal.umich.edu/~phammett/Papers/ibec_pap.pdf
(Stand 01. Dezember 2011)

/BARON.03/ Jay Baron 2003
Taking an integrated build approach to stamping tool tryout
http://www.thefabricator.com/article/toolanddie/taking-an-integrated-build-approach-to-stamping-tool-tryout
(Stand 01. Dezember 2011)

/BATHE.82/ Klaus-Jürgen Bathe 1982
Finite Element Procedures in Engineering Analysis
Prentice Hall ISBN 978-0133173055

/BAUER et al.08/ Stefan Bauer, Karl Gruber, Ulrich Knaust 2008
CAD-/CAE-Integration - Entwicklung einer durchgängigen Berechnungsprozesskette
Tagungsband SIMVEC – Berechnung und Simulation im Fahrzeugbau 2008, 14. Int. Kongress u. Fachausstellung, 26.-27.11.2008, Baden-Baden, VDI-Berichte 2031, VDI-Verlag GmbH, Düsseldorf, 2008

/BEHRENS.06/ Bernd-Arno Behrens 2006
Umformtechnologien und ihre Randbedingungen
http://www.graepel.de/fileadmin/download/pdf/InForm/Behrens.pdf
(Stand 01. Dezember 2011)

/BERGMANN.02/ Wolfgang Bergmann 2002
Werkstofftechnik I
Hanser Verlag München Wien ISBN-3-446-21927-7

/BMW GROUP.08/ BMW Group, München 2008
Werkstoffe für das Auto der Zukunft
http://www.bmwgroup.com/d/0_0_www_bmwgroup_com/forschung_entwicklung/science_club/veroeffentlichte_artikel/2008/news200802.html
(Stand 01. Dezember 2011)

/BOHN.96/ Martin Bohn 1996
Toleranzmanagement im Entwicklungsprozess
Dissertation Universität Karlsruhe
http://digbib.ubka.uni-karlsruhe.de/volltexte/1000018816
(Stand 01. Dezember 2011)

/BORK.04/ Jessica Bork 2004
Betrachtung von Qualitätsmanagementsystemen unter besonderer Berücksichtigung der Qualitätskosten
Diplomarbeit Fachhochschule Braunschweig/Wolfenbüttel

/DAHLMANN.09/ Peter Dahlmann 2009
Bedeutung von Stahl als industriellem Basiswerkstoff
http://www.acatech.de/fileadmin/user_upload/Baumstruktur_nach_Website/Acatech/root/de/Material_fuer_Sonderseiten/Akademietag/Journalistenworkshop/acatech_Werkstoffe_29.04.pdf
(Stand 01. Dezember 2011)

/DIETRICH et al.05/ Edgar Dietrich, Alfred Schulze 2005
Statistische Verfahren zur Maschinen- und Prozessqualifikation
Verlag Springer Berlin Heidelberg ISBN 3-446-22894-2

/DOESCHNER.03/ Martin Döschner 2003
Ermittlung und Berechnung der Rückfederung von Karosserieteilen
Diplomarbeit HTW Dresden

/ENDRES.06/ Martin Endres 2006
Methodenevaluierung und –optimierung zur dynamischen Absicherung von Fertigungskonzepten im Karosseriebau
Diplomarbeit TU Darmstadt

/ERBE.96/ Rüdiger Erbe 1996
Entwicklung und Einführung eines Konzeptes zur Überprüfung von Rohbauvorrichtungen in der Automobilindustrie mit Hilfe eines rechnergestützten Photogrammetrie/ CAD-Messsystems
Diplomarbeit TH Darmstadt

/ESI GROUP.10/ ESI Group 2010
Weld Distortion and Weld Quality Simulation
ESI Group Sysweld Broschüre (enthalten auf der Programm DVD)

/EVERTZ et al.06/ T. Evertz, H. Liebertz 2006
E-Modul von Feinblechen nach Vorverformung sowie anschließender Wärmebehandlung für Simulation
Tagung Werkstoffprüfung Bad Neuenahr, 2006, pp. 35 - 43

/FEINDT et al.08/ Jens-Arend Feindt, Ulf Sudowe 2008
Moderner Stahlleichtbau in Karosserie und Fahrwerk
ATZproduktion 03|2008, pp. 24 -27

/FELLNER.09/ Dieter Fellner 2009
Geometrische Methoden des CAD/ CAE
http://www.gris.tu-darmstadt.de/teaching/courses/ws0910/cad-cae_ws0910/Vorlesung/GMCADCAE_XI_WS2009.pdf
(Stand 27. Mai 2009)

/FISCHER et al.87/ Herbert Fischer 1987
Anwendung der Normen über Form- und Lagetoleranzen in der Praxis
Beuth Verlag GmbH ISBN 978-3-410-21193-8

/FLEISCHER et al.03/ J. Fleischer, D. Spath, G. Lanza 2003
Qualitätssimulation im Serienanlauf
wt Werkstattstechnik online, Vol.93 (2003), No.1/2, pp. 50 - 54

/FRITZ et al.06/ Herbert Fritz, Hans-Dieter Haage, Manfred Knipfelberg, Klaus-Dieter Kühn, Gerd Rohde, Günter Schulze 2006
Fertigungstechnik, 7. Auflage
Verlag Springer Berlin Heidelberg ISBN 10 3-540-25623-7

/FROEBER et al.10/ Jürgen Fröber, Kurt Kösters 2010
Warm- und Kaltgewalztes Stahlfeinblech
http://195.210.48.207/forschung_und_technik/werkstoff_und_prueftechnik/Warm-_und_kaltgewalztes_Stahlfeinblech.pdf
(Stand 01. Dezember 2011)

/GEIGER.08/ Walter Geiger, Willi Kotte 2008
Handbuch Qualität - Grundlagen und Elemente des Qualitätsmanagements Systeme
Vieweg Verlag ISBN 978-3-8348-9429-8

/GEIS.01/ Winfried Geis 2001
FEM - Verfahren mit web-Spline-Basis
http://elib.uni-stuttgart.de/opus/volltexte/2002/973/pdf/arbeit.pdf
(Stand 01. Dezember 2011)

/GERTH et al.03/ Richard Gerth, Jay Baron 2003
Integrated build: a new approach to building automotive bodies
International Journal of Automotive Technology and Management 2003 - Vol. 3, pp. 185 - 201

/GERTH et al.05/ Richard Gerth, Sven Brueckner 2005
Applying Distributed Adaptive Optimization to Digital Car Body Development
http://www.cargroup.org/documents/ApplyingDistributedAdaptiveOptimization_000.pdf
(Stand 01. Dezember 2011)

/GERTH.05.1/ Richard Gerth 2005
Virtual Functional Build for Body Assembly
Proceedings of IMECE2005
2005 ASME International Mechanical Engineering Congress and Exposition
November 5-11, 2005, Orlando, Florida USA

/GERTH.05.2/ Richard Gerth 2005
Imperfect Information and Functional Build
http://www.tfb57.rwth-aachen.de/de/e989ec6118569e11c125709e0026b72a/Vortrag2_5_Gerth.pdf
(Stand 01. Dezember 2011)

/GERTH et al.06/ Richard Gerth, Sven Brueckner 2006
The Digital Development System
http://www.cargroup.org/documents/DigitalBodyDevelopmentSystem.pdf
(Stand 01. Dezember 2011)

/GOBRECHT et al.01/ Jürgen Gobrecht, Erhard Rumpler 2001
Werkstofftechnik - Metalle
Oldenbourg Wissenschaftlicher Verlag ISBN 978-3486248036

/GRASSE et al.99/ Jean Grasse, Norbert Niesen 1999
Qualitätsstrategie für die Prozeßkette Karosserie
QZ (Qualität und Zuverlässigkeit), Carl Hanser Verlag, 10/1999, pp. 1238 - 1242

/GROSS et al.98.1/ Dietmar Gross, Werner Hauger, Jörg Schröder, Wolfgang Wall 1998
Technische Mechanik Band 1: Statik
Verlag Springer Berlin Heidelberg ISBN 978-3-540-64147-5

/GÜLICH.08/ Stephan Gülich 2008
Das „Technikmodell" in der Prozesskette einer modernen Karosserieauslegung
SIMVEC - Berechnung und Simulation im Fahrzeugbau Tagung 14, 2008, Baden-Baden

/GUZMAN.01/ Luis Manuel García Guzmán 2001
Dimensional Management in Metal Assembly Process Validation: A Multivariate Approach
http://www-personal.umich.edu/~lgguzman/myinfo/Dissertation.pdf
(Stand 01. Dezember 2011)

/HAMMETT et al.06/ Patrick Hammett, Luis Manuel García Guzmán 2006
White Light Measurement: A Catalyst for Change in Automotive Body Dimensional Validation
http://deepblue.lib.umich.edu/bitstream/2027.42/15514/1/99394.pdf
(Stand 01. Dezember 2011)

/HELER et al.04/ T. Heller, O. Hoffmann, U. Etzold, K.-P. Imlau 2004
Neue Stähle für moderne Fahrzeugkarosserien
http://www.dgm.de/past/2004/metallographie/download/686_80.pdf
(Stand 01. Dezember 2011)

/HILMAN.10/ Dr.-Ing. Jörgen Hilmann 2010
Automated CAE Process Chain More Safety of Body Structures
AutoTechnology. – 10/2010,4, pp. 26 -31

/HOLLAND.94/ Martin Holland 1994
Prozeßgerechte Toleranzfestlegung
VDI Verlag ISBN 3-18-313720-8

/HORN.05/ Helmut Horn 2005
Werkstoffkunde
http://www.haw-hamburg.de/fileadmin/user_upload/IWS/PDF/
(Stand 01. Dezember 2011)

/HORNBOGEN et al.01/ Erhard Hornbogen, Hans Warlimont 2001
Metallkunde
Aufbau und Eigenschaften von Metallen und Legierungen
Verlag Springer Berlin Heidelberg ISBN 3-540-67355-5

/IFS.10/ IFS, Institut für Füge und Schweißtechnik, TU Braunschweig 2010
Anwendungsnahe Schweißsimulation komplexer Strukturen
http://schweisssimulation.net/asks/html/forschungscluster/stand.html
(Stand 01. Dezember 2011)

/INSOFT.06/ Insoft 2006
Schweißverzüge verstehen und beherrschen
http://www.vp-insoft.de/dateien/flyer.pdf
(Stand 01. Dezember 2011)

/KAISER et al.99/ Birgit Kaiser, Hartmut Nowack 1999
Nur scheinbar instabil
QZ (Qualität und Zuverlässigkeit), Carl Hanser Verlag, 06/1999, pp. 761 - 765

/KESSLER et al.07/ Lutz Kessler, Jörg Gerlach, Hartwig Rösen 2007
Weiterentwicklung der Umformsimulation für Stahlwerkstoffe - Konsequenzen für den Anwender
6. LS-DYNA Anwenderforum, Frankenthal 2007
http://www.dynamore.de/en/training/conferences/past/07-forum/keynote/weiterentwicklung-der-umformsimulation-fur
(Stand 01. Dezember 2011)

/KLEIN.07/ Bernd Klein 2007
FEM - Grundlagen und Anwendungen der Finite-Elemente-Methode im Maschinen und Fahrzeugbau
Vieweg Verlag ISBN-978-3-8348-0296-5

/KLOCKE.09/ Fritz Klocke 2009
Fertigungstechnik II
Verlag Springer Berlin Heidelberg ISBN-3-540-23496-9

/KRAEMER et al.09/ Michael Krämer, Arno Röhringer, Werner Kirchner, Thomas Vogel, Joachim Rochlitzer, Beat Heiniger 2009
Programm-Management und Projektsteuerung
ATZ extra 2009, Die neue Mercedes E-Klasse

/KRIMM.03/ Richard Krimm 2003
Einfluss der mechanischen Bearbeitung von Tiefziehwerkzeugen auf Messgrößen an der Einarbeitungspresse
IFUM Hannover
http://www.ifum.uni-hannover.de/forschungsvorhaben/3m/Veroeffentlichung.pdf
(Stand 01. Dezember 2011)

/KUHN.08/ Dieter Kuhn 2008
Gute Bauteile - da ist die Spannung völlig raus
http://www.innovations-report.de/html/berichte/maschinenbau/gute_bauteile_spannung_voellig_raus_116629.html
(Stand 01. Dezember 2011)

/KULP.08/ Steffen Kulp 2008
VIPROF - Durchgängige Virtualisierung der Entwicklung und Produktion von Fahrzeugen
http://www.projekt-viprof.de (login-Bereich)
(Stand 01. Dezember 2011)

/LANGE et al.08/ Kurt Lange, Manfred Kammerer, Klaus Pöhlandt, Joachim Schöck 2008
Fließpressen
Verlag Springer Berlin Heidelberg ISBN 978-3-540-30909-3

/LÄPPLE.06/ Volker Läpple 2006
Einführung in die Festigkeitslehre
Vieweg Verlag ISBN 978-3-8348-0426-6

/LI.06/ Fei Li 2006
Numerische Untersuchungen zu Temperaturfeldern und Eigenspannungen einer MAG-geschweißten Stumpfnaht an austenitisch-ferritischem Stahl X2CrNiMoN22-5-3
http://e-pub.uni-weimar.de/volltexte/2006/825/pdf/Diplomarbeit_Feili.pdf
(Stand 01. Dezember 2011)

/LIKER et al.95/ Jeffrey Liker, Allen Ward, John Cristiano, Durwald Sobek 1995
The Second Toyota Paradox: How delaying decisions can make better cars faster
http://6sigma.mty.itesm.mx/Thesecond.pdf
(Stand 01. Dezember 2011)

/LUTZMANN.10/ Stefan Lutzmann 2010
Simulationsgestützte, einzelteilbezogene Analyse industriell relevanter Einspannsituationen beim Schweißen
Cluster "Anwendungsnahe Schweissimulation"
http://schweisssimulation.net/asks/html/forschungscluster/forschungsinhalte/ifs.html
(Stand 01. Dezember 2011)

/MCALINDEN et al.98/ Sean McAlinden, Brett Smith 1998
World Class Vehicle Launch Timing
http://www.autofieldguide.com/articles/world-class-vehicle-launch-timing-part-1-of-6
(Stand 01. Dezember 2011)

/MENGES.05/ Raimund Menges 2005
Frühzeitige Produktbeeinflussung und Prozessabsicherung
ZWF (2005) 1-2, pp. 25 - 31

/MEYER.12/ Robert Meyer 2012
Erhöhung der Prozesssicherheit durch Beherrschung der Bauteilabweichung beim Fügen im Karosseriebau
Tudpress Verlag ISBN 978-3-94271056-5

/MEYWERK.07/ Martin Meywerk 2007
CAE-Methoden in der Fahrzeugtechnik
Verlag Springer Berlin Heidelberg ISBN 978-3-540-49867-4

/MICHAILOV et al.10/ Vesselin Michailov 2010
Erweiterung eines analytisch-numerischen Hybridmodells für die Verzugssimulation von Großstrukturen
http://schweisssimulation.net/asks/int/int.html (login-Bereich)
(Stand 01. Dezember 2011)

/MUCK.97/ Uwe Muck 1997
Entwicklung eines Verfahrens zur Messung von Rückfederungskräften an Karosserieeinzelteilen
Dissertation TU Chemnitz

/NIEMANN et al.05/ G. Niemann, H. Winter, B. Höhn 2005
Maschinenelemente - Konstruktion und Berechnung von Verbindungen, Lagern, Wellen
Verlag Springer Berlin Heidelberg ISBN 3-540-25125-1

/NOLL et al.08/ Reinhard Noll, Michael Krauhausen 2008
Online Lasermesssysteme für die Stahl- und Automobilindustrie
VDI-Berichte Online
Sensoren und Messsysteme: Fachtagung 14, 2008, Ludwigsburg ISBN-978-3-18-092011-5

/OVERHOFF.05/ Overhoff Verbindungstechnik GmbH 2005
Legierungselemente
http://www.overhoff.de/

/PANIAN.98/ Stephan Panian 1998
Erarbeitung eines Konzeptes zur Realisierung eines Präzisions-Karosseriebaus in der Automobilfertigung
Diplomarbeit Universität Stuttgart

/PAPADAKIS.08/ Loucas Papadakis 2008
Simulation of the Structural Effects of Welded Frame Assemblies in Manufacturing Process Chains
Herbert Utz Verlag, München ISBN-978-3-83-160813-3

/PRAUN.03/ Stefan von Praun 2003
Toleranzanalyse nachgiebiger Baugruppen
Herbert Utz Verlag, München ISBN-3-8316-0202-6

/PPMTUBERLIN.03/ PPM - TU Berlin 2003
FDM - Finite Differenzen Methode
http://www3.math.tu-berlin.de/ppm/skripte/fdm1.0.pdf
(Stand 01. Dezember 2011)

/RADAJ.99/ Dieter Radaj 1999
Schweißprozesssimulation: Grundlagen und Anwendungen
DVS Verlag ISBN 3-87155-188-

/RASHIDY.06/ H. Rashidy, M. Zäh 2006
Automatisierte Qualitätsregelkreise im Karosseriebau
wt Werkstatttechnik online, Ausgabe 9-2006, pp. 597 - 601

/REICHENEDER et al.08/ Josef Reicheneder, Karl Gruber, Ulrich Knaust
Highlights aus der Automotive Activity des EU-Projektes SIMDAT
SIMVEC - Berechnung und Simulation im Fahrzeugbau: Tagung 2008

/RICHTER.04/ Frank Richter 2004
Verbindungseigenschaften widerstandspunktgeschweisster Mehrphasenstähle für den Karosseriebau
Diplomarbeit FH Wildau

/RICK.01/ Frank Rick 2001
Simulationsgestützte Gestaltung von Produkt und Prozess am Beispiel Laserstrahlschweißen
http://www.iwb.tum.de/iwbmedia/Downloads/Publikationen/iwb_Forschungsberichte/Rick.pdf
(Stand 01. Dezember 2011)

/ROEREN et al.06.1/ S. Roeren, C. Schwenk, M. Rethmeier 2006
Different approaches to model clamping conditions within a welding simulation
Mathematical Modelling of Weld Phenomena Volume 8, Verlag der Technischen Universität Graz, 2007, pp. 1093 - 1106

/ROEREN.06.2/ Sven Roeren 2006
Komplexitätsvariable Einflussgrößen für die Einzelteilbezogene Struktursimulation thermischer Fertigungsprozesse
Herbert Utz Verlag, München ISBN-978-3-8316-0680-1

/ROLL et al.04/ Karl Roll, Tim Lemke, Klaus Wiegand 2004
Simulationsgestützte Kompensation der Rückfederung
http://www.dynamore.de/de/fortbildung/konferenzen/vergangene/forum04/simulatio nsgestutzte-kompensation-der-ruckfederung
(Stand 01. Dezember 2011)

/ROLL et al.09/ Roll, Tikhomirov, Weiher, Franz, Kröger 2009
Fast Welding Distortion Prediction for the Production Planning in Automotive Industry
DVS-Berichte Band 258, Die Verbindungsspezialisten 2009, pp. 90 - 94
ISBN: 978-3-87155-584-8

/ROOS et al.05/ Eberhard Roos, Karl Maile 2005
Werkstoffkunde für Ingenieure
Verlag Springer Berlin Heidelberg ISBN 3-540-22034-8

/RUDOLF.06/ Henning Rudolf 2006
Wissensbasierte Montageplanung in der Digitalen Fabrik am Beispiel der Automobilindustrie
Herbert Utz Verlag, München ISBN-978-3-8316-0697-9

/RUST.09/ Wilhelm Rust 2009
Nichtlineare FE-Berechnungen
Verlag Springer Berlin Heidelberg ISBN 978-3-8351-0232-3

/SCHAEFER.99/ Michael Schäfer 1999
Numerik im Maschinenbau
Verlag Springer Berlin Heidelberg ISBN 978-3-5406-5391-2

/SCHAPP et al.07/ Lutz Schapp, Christian Brecher, Falko Paepenmüller 2007
Vorstoß in neue Dimensionen: Kopplung von Umformsimulation mit nicht-linearen Pressenmodellen
http://www.metalform.de/periodica/00000846.pdf
(Stand 01. Dezember 2011)

/SCHATT et al.03/ Werner Schatt, Hartmut Worch 2003
Werkstoffwissenschaft
Wiley-VCH Verlag ISBN 3-527-30535-1

/SCHIRMER.08/ Jörg Schirmer 2008
Untersuchung und Bewertung der Einsatzmöglichkeiten von AutoForm zur Simulation der Inkrementellen Blechumformung
Diplomarbeit HTW Dresden

/SCHMIDT-JUERGENSEN.02/ Rune Schmidt-Juergensen 2002
Untersuchungen zur Simulation rückfederungsbedingter Formabweichungen beim Tiefziehen
http://deposit.d-nb.de/cgi-bin/dokserv?idn=966283783&dok_var=d1&dok_ext=pdf&filename=966283783.pdf
(Stand 01. Dezember 2011)

/SCHULER et al.06/ Hans J. Fahrenwaldt, Volkmar Schuler 2006
Praxiswissen Schweißtechnik - Werkstoffe, Prozesse, Fertigung
Vieweg Verlag ISBN 978-3-87155-970-9

/SCHULER.96/ Schuler GmbH 1996
Handbuch der Umformtechnik
Verlag Springer Berlin Heidelberg ISBN 978-3540610991

/SCHWENK et al.05/ Christopher Schwenk, Michael Rethmeier 2005
Schweisssimulation im Fahrzeugbau - Möglichkeiten, Grenzen und Herausforderungen
Grosse Schweisstechnische Tagung, Essen 2005
DVS-Berichte Volume 237, DVS Deutscher Verband für Schweißen und verwandte Verfahren e.V., Düsseldorf, 2005, pp. 353 - 358

/SCHWENK.07.1/ Christopher Schwenk 2007
FE-Simulation des Schweißverzugs laserstrahlgeschweißter dünner Bleche
http://www.bam.de/de/service/publikationen/publikationen_medien/dissertationen/diss_26_vt.pdf
(Stand 01. Dezember 2011)

/SCHWENK.07.2/ Christopher Schwenk, Thomas Franz, Dmitrij Tikhomirov, Bert Rietman 2007
Methoden der Schweißverzugssimulation für die Anwendung in der Automobilindustrie
Schweißen und Schneiden (Heft 12/07)
http://doc.utwente.nl/76536/1/2007-04-23-Veroeffentlichung-Schweissen-Schneiden-Schwenk-FINAL-KORREKTUR.pdf
(Stand 01. Dezember 2011)

/SEIDEL.07/ Simon Seidel 2007
Einsatzpotential der stochastischen Umformsimulation in verschiedenen Phasen des Werkzeugentstehungsprozesses
Diplomarbeit FH Ingolstadt

/SIMBAU.08/ SIMBAU 2008
Umformwerkzeuge, Umformsimulation, Rückfedern beherrschen
http://www.simbau.de/bauteile/umformwerkzeuge.html
(Stand 01. Dezember 2011)

/STADTAUS.05/ Marc Stadtaus 2005
Fügeprozesssimulation - Innovative Anwendung der Informatik
Deutscher Verband für Schweißen und verwandte Verfahren e.V.
http://www.dvs-ev.de/fv/aktuell/STUDIE_Fuegeprozessimulation.pdf
(Stand 01. Dezember 2011)

/STEINKE.07/ Peter Steinke 2007
FEM - Rechnergestütze Einführung
Verlag Springer Berlin Heidelberg ISBN 978-3-540-72235-9

/STREILEIN et al.02/ Dr. Streilein, Dr Hillmann 2002
Stochastische Simulation und Optimierung am Beispiel VW Phaeton
VDI Tagung Würzburg, 2002
http://www.carhs.de/en/company/publications/vdi_wuerzburg_2002/vdi_wuerzburg_2002.pdf
(Stand 01. Dezember 2011)

/STRUCK et al.08/ Robert Struck, Steffen Kulp, Bernd-Arno Behrens, Richard Krimm 2008
Berücksichtigung von Werkzeug- und Pressenelastizitäten in der Umformsimulation zur verbesserten Vorhersage des Pressenkraftbedarfs
SIMVEC - Berechnung und Simulation im Fahrzeugbau: Tagung 2008
http://imauf.digramm.com/media/file/676.Struck-SIMVEC0001.pdf
(Stand 01. Dezember 2011)

/STRUCK.05/ Robert Struck 2005
Untersuchung der Einsetzbarkeit der Rückfederungssimulation von KarosserieEinzelteilen aus hochfesten Stählen im Versuchsfahrzeugbau
Diplomarbeit TU Clausthal

/THYSSENKRUPPSTAHL/ ThyssenKrupp Stahl 2011
Umformverhalten höher- und höchstfester Mehrphasenstähle
http://www.thyssenkrupp-steel-europe.com/upload/binarydata_tkscsd4cms/88/54/00/00/00/00/5488/tkscs_umform_mps.pdf
(Stand 01. Dezember 2011)

/TIKHOMIROV et al.04/ Dr. Dmitrij Tikhomirov, Dr. Bert Rietman, Dr. Kim Kose 2004
Mechanische Schweißersatzmodelle für gekoppelte Simulationen
http://doc.utwente.nl/76531/1/hanser_rietman.pdf
(Stand 01. Dezember 2011)

/TIKHOMIROV et al.05/ D. Tikhomirov, B. Rietman, K. Kose, M. Makkink 2005
Computing Welding Distortion: Comparison of Different Industrially Applicable Methods
http://doc.utwente.nl/76527/1/Paper-SHEMET2005-Modified-Jan2005.pdf
(Stand 01. Dezember 2011)

/TOUTENBURG.08/ Helge Toutenburg , Philipp Knöfel 2008
Six Sigma - Methoden und Statistik für die Praxis
Verlag Springer Berlin Heidelberg ISBN 978-3-540-74212

/UNGEMACH et al.08/ Georg Ungemach, Michael Rund, Frank Mantwill 2008
Finite Elemente Methode in der Analyse toleranzbehafteter Karosseriestrukturen unter Berücksichtigung nichtlinearer Effekte
SIMVEC - Berechnung und Simulation im Fahrzeugbau : Tagung Baden Baden 2008
VDI-Berichte/VDI-Tagungsbände: Fahrzeug- und Verkehrstechnik, 2008, pp. 809 - 824

/UNGEMACH.09/ Georg Ungemach 2009
Simulation toleranzbehafteter Karosseriestrukturen und deren virtuelle Qualitätsbeurteilung
Verlag Logos Berlin ISBN 978-3-832-522438

/UNGERMANN.06/ Jochen Ungermann 2006
Optimierung des Prüfmerkmalplan-Prozesses innerhalb der Qualitätssicherung Audi Vorserienmesstechnik mit dem Schwerpunkt Änderungsmanagement
Diplomarbeit TH Karlsruhe

/VASILASH.00/ Gary Vasilash 2000
Building Better Vehicles Via Functional Build
http://findarticles.com/p/articles/mi_m0FWH/is_2_112/ai_n27556951/
(Stand 01. Dezember 2011)

/VENEZIANO et al.06 / Carmelo Veneziano, Marcus Brand, Michael Burdack, Yves Sguaizer, Wulf Pfeiffer, Bernhard Urich, Dieter Siegele 2006
Numerische Simulation von Verzug und Eigenspannungen geschweißter Komponenten aus Al-Guss und Strangpressprofilen
Schlussbericht AiF-Vorhaben 13.716 N, DVS-Nr. 9.032
Fraunhofer Institut IWM, Februar 2006, S 6/2006

/VIPROF.10 / Projekt VIPROF 2010
Gesamtziel des Projekts VIPROF
http://www.projekt-viprof.de/?page_name=Ziele
(Stand 01. Dezember 2011)

/VOLLRATH.05/ Klaus Vollrath 2005
Trends bei Stahlwerkstoffen
Komponenten und Systeme 02/2005, pp. 42 - 43
http://www.chemietechnik.de/ai/resources/f35fb6b5f7e.pdf
(Stand 01. Dezember 2011)

/WANN et al.07/ Helmut Wannenwetsch, Peter Comperl, Elke Illgner, Alexander E. Meier, Sascha Nicolai und Karl-Heinz Schmid 2007
Integrierte Materialwirtschaft und Logistik
Verlag Springer Berlin Heidelberg ISBN-978-3-540-29756-7

/WEBER.07/ Bernhard Weber 2007
Analyse der Wechselwirkungen zwischen Schweißprozess und Umformung für auftragsgeschweißte Ziehwerkzeuge
Diplomarbeit Universität Erlangen

/WELTERS.04/ Tim Welters 2004
Eigenspannungen in Schweißverbindungen
Möglichkeiten und Grenzen der Messung und Berechnung von Eigenspannungen für die Praxis
DVS-Seminar
www.dvs-loeten.de/fv/neu/getfile.cfm%3Ftid%3D55%26file%3D20041108_07_WELTERS.PDF
(Stand 01. Dezember 2011)

/WENSAUER.09/ Maximilian Wensauer 2009
Entwicklung eines Konzepts zur Prozessüberwachung und Generierung von Qualitätsmodellen im Presswerk
Diplomarbeit Technische Universität München

/WINTER et al.03/ Detlef Winter, Mirko Röder 2003
3D-Digitalisierung im Werkzeug- und Formenbau
VDI-Z 145 10/2003, pp. 62 - 65
http://www.capture3d.com/file-toolformmakimg.pdf
(Stand 01. Dezember 2011)

/WITTE.06/ Horst Witte Gerätebau 2006
Änderungen möglich
Komponenten und Systeme, 09/2006, pp. 42 - 43

/ZELDER et al.10/ Gerhard Zelder, Dr.-Ing. Cord Steinbeck-Behrens 2010
Prozesssimulation in der Karosserielackierung
Oberfläche JOT , 03/2010, pp. 30 - 33

Lebenslauf

Name	Martin Christopher Endres
Geburtsort	Schweinfurt

Studium

	Technische Universität Darmstadt **Fakultät für Mathematik**
10/2000 - **12/2004**	Studienrichtung Mathematics with Computer Science (MCS) Abschluss des Studiums mit dem Bachelor-Examen
10/2003 - **11/2006**	Studienrichtung Mathematik mit Schwerpunkt Technik (MST) Abschluss des Studiums mit dem Ingenieur Diplom
	Technische Universität Chemnitz **Fakultät für Maschinenbau**
01/2009 - **07/2012**	Promotion am Institut für Fertigungsmesstechnik und Qualitätssicherung (IFMQ)

Beruf

05/2005 - **09/2005**	BMW Group in Dingolfing Praktikum im Bereich virtuelle Fabrik/ Produkt- und Prozessplanung Karosseriebau
10/2005 - **12/2005**	BMW Group in München Praktikum Bereich Aerodynamik, Modellbau und virtuelles Modell Im gleichen Zeitraum Projektunterstützung bei der BMW Group in Dingolfing im Bereich virtuelle Fabrik/ Produkt- und Prozessplanung Karosseriebau
03/2006 - **08/2006**	BMW Group in Dingolfing Diplomarbeit im Bereich virtuelle Fabrik/ Produkt- und Prozessplanung Karosseriebau
01/2007 - **12/2007**	EDAG Engineering und Design AG in Fulda, Detroit und München Produkt- und Prozessplanung Karosseriebau
01/2008 - **12/2011**	AUDI AG in Ingolstadt Vorseriencenter Bereich Analyse Produkt und Prozesstechnik
seit 01/2012	BMW Group in München Produkt- und Prozessplanung Karosseriebau